대구한의대학교
안용복연구소 번역총서 3

일본 언론에 나타난 독도

김 영

도서출판 지성人

일본 언론에 나타난 독도

도서출판 지성人

서문

　대구한의대학교 안용복 연구소의 일원이 된 지 수년 만에 첫 연구 성과를 내놓을 수 있게 된 것이 부끄럽기도 하고 한편 기쁘기도 하다. 일본관련 전공자라는 명목 하에 일본신문을 뒤지며 나름 뜨거운 여름을 보냈던 기억이 번역총서라는 한 권의 책으로 정리되어 나온 것 같다. 일본문학 전공자가 뜬금없이 독도문제, 영토문제를 연구한다는 것은 어불성설이다.

　그저 일본 신문을 읽어나가며 일본의 여론을 파악하고 언론 보도의 이면에 숨겨진 의도를 탐색하는 작업은 흥미로웠다. 인문학자가 사회학적 연구 방법론을 통하여 얻어지는 명백하고 확연한 연구 결과에 단순 도취했던 여름이었다.

　2012년 독도문제는 한일 양국에 있어 모두 '뜨거운 감자'였다.

　8월에 최고 통수권자인 이명박 대통령이 독도를 직접 방문하고 일본 언론은 '불법 상륙'이라고 비난했다. 이런 시점에 안용복 연구소는 <이명박 대통령의 독도 방문과 국내외 언론의 보도 경향 분석>이라는 연구 테마로 연구소 위원들과 연구회를 거듭했다.

　연구 성과를 발표하기 위해 '일본 신문과 언론의 동향'을 나름대로 정리, 분석하면서 새삼 '언론의 공과(功過)'에 대해 생각하게 되었다. 일국의 정치가나 특정 정당이 정권에 유리하도록 언론을 이용해 온 것은 이미 잘 알려진 사실이다.

　일본의 언론 또한 그러한 비판에서 자유로울 수 없다. 일본에는 여전히 '기자클럽'이라는 막강한 권력이 존재하고 있으며 일본의 대형

신문사는 일본 정부의 입을 대변하는 역할을 하고 있다. 가까운 일례로 2011년 3월 11일 동일본 대지진이 발생했을 때 일본의 신문은 일본 정부의 은폐공작에 가담했고 이후 발생한 후쿠시마 원전 폭발사고도 마찬가지였다.

일본의 '뉴스밸류(news value)'는 시대에 역행하고 있으며 그 추이를 살펴보면 1980년대 말과 비교해도 현저히 저하되고 있다. 특히 최근 아베 정권 집권 이후에는 더욱 일본 정치의 보수 우경화 현상이 고조되고 있다. 일본의 언론 보도 또한 이와 발맞추어 일본 국민들의 여론을 부추기는 과(過)를 범하고 있지는 않은가.

하지만 여전히 일본은 아시아 제일의 선진국이다. 일본의 고유한 역사 속에는 '오래된 전통'을 고수하려는 문화가 숨 쉬고 있고 한편으로는 개성과 독자성을 추구하는 '유니크한' 현대 문화가 공존하고 있다. 일본 만화나 애니메이션 같은 것들이 그 예이다.

일본문화 연구자로서 일본의 언론 동향을 살펴보면서 일본의 또 다른 '유니크한' 문화를 발견한 느낌이다. 언론보도를 통해 불거지는 한일 간 상호인식의 차이는 비단 정치나 사회문제 영역뿐만 아니라 문화론적 영역에서도 연구할 가치가 있을 것이다.

마지막으로 저서 발간에 힘써 주신 대구한의대학교 안용복 연구소와 김성우 소장님, 김병우 교수님, 그 외 연구소 연구위원님들께도 깊은 감사의 말씀 올린다.

2014년 2월

김 영

〈일러두기〉

<<범례>>

1. 일본 신문은 각 신문사의 홈페이지에 게재된 전자판 신문을 참조하였다.

2. 기본적인 기사 검색은 '독도(竹島)'라는 키워드 검색을 통해 추출하였다.

3. 일본 인명이나 지명은 한글 표기법을 원칙으로 하되, 원활한 독해를 위해 원어표기를 기입하지 않았다.

4. 일본 신문의 '竹島' 표기는 '독도'로 일관되게 번역했다.

5. 일본 신문의 '竹島上陸' 표기는 가능한 '독도방문'으로 번역했지만, 기사의 전체적 문맥에 어긋나는 경우는 '독도상륙'으로 번역한 경우도 있다.

목 차

서 문 ·· 5
일러두기 ·· 7

제1부
일본 언론에 나타난 독도

제1장 일본 여론조사를 통해 본 독도 ···················· 15
1. 최근(2013년 6월)일본 내각부의 '독도 특별 여론조사' 실태
   ··· 15
2. '미디어 내셔널리즘'의 부상과 독도 ················· 20
3. 일본 언론에 나타난 독도방문과 한일관계 ········· 23
4. 냉정하고 현명한 언론의 대처 요구 ················· 24

제2장 이명박 대통령의 독도방문에 대한 일본 언론의 보도 분석 ·· 26
1. 일본 언론보도 연구의 필요성 ························ 26
2. 일본의 언론보도 ··· 29
3. 연구방법 ··· 37
4. 연구결과 ··· 39
5. 일본 사설에 나타난 독도관련 기사 분석 ·········· 47
6. 보수화되는 일본 언론 ·································· 52

제3장 일본 언론에 나타난 독도 영유권 문제 Q&A ······ 55

제2부
MB의 독도방문 관련 일본 신문 기사 번역

제1장   아사히신문(朝日新聞) 주요 기사 번역 ········· 65

1. MB의 독도방문 특집 기사(1) ················· 67
2. MB의 독도방문 특집 기사(2) ················· 74
3. MB의 독도방문 특집 기사(3) ················· 89
4. MB의 독도방문 특집 기사(4) ················· 94
5. MB의 독도방문 특집 기사(5) ················· 98
6. MB의 독도방문 특집 기사(6) ················ 103
7. MB의 독도방문 특집 기사(7) ················ 109
8. MB의 독도방문 특집 기사(8) ················ 118
9. MB의 독도방문 특집 기사(9) ················ 142
10. MB의 독도방문 특집 기사(10) ············· 151

제2장   산케이신문(産経新聞) 주요 오피니언 번역 ········· 161

1. 정론(正論) ·································· 163
2. 일일시세계(日日是世界) ······················ 222
3. 사설검증(社說檢證) ························· 226

제3장   아사히신문(朝日新聞) 주요 오피니언 번역 ········· 233

1. 사설(社說) ·································· 235
2. 나의시점(私の視点) ························· 249

제4장   요미우리신문(讀賣新聞) 주요 오피니언 번역 ········· 257

1. 2013. 8. 15. 특집 ························· 259
2. 2012. 12. 28. 특집 ······················· 268

제5장 마이니치신문(每日新聞) 주요 오피니언 번역 ·············· 271
  1. MB의 독도방문 특집 ·· 273
  2. 영토분쟁 특집 ·· 275

제 1 부

일본 언론에 나타난 독도

제1장 일본 여론조사를 통해 본 독도

1. 최근(2013년 6월)일본 내각부의 '독도 특별 여론조사' 실태

2013년 6월 일본의 아베 정부는 사상 최초로 '독도에 관한 특별여론조사'를 실시했다.1) '독도문제'에 대해 일본의 국민의식을 조사 및 이에 대한 의견수렴을 통하여, 금후 독도에 관한 정부시책에 참고하기 위함이라 한다. 이에 우리정부는 외교부 대변인 논평을 통해, 이는 '일본 정부가 내각부 여론조사를 빙자하여 역사적·지리적·국제법적으로 명백한 우리 고유 영토인 독도에 대한 도발적 행동을 취한 것'이라고 강력히 항의했다. 일본 국민 3천명을 대상으로 하여, 유효 회수율이 59.5%에 불과했지만 이번 여론조사가 시사하는 바는 크다고 볼 수 있다.

이번 일본 내각부의 '독도에 관한 특별여론조사' 조사 항목은 6가지로 요약된다.

---

1) 「竹島に関する特別世論調査」전국 20세 이상의 일본국적을 소유한 자 3천명을 대상으로 유효회수율 59.5%, 조사기간 2013년 6월 20일-6월 30일, 조사방법은 조사원에 의한 개별면접청취에 의했다.
(출처: http://www8.cao.go.jp/survey/tokubetu/tindex-h25.html),
센카쿠 열도에 관해서도 특별여론조사를 실시했다.

(1) 독도에 관한 인지
(2) 독도에 대한 인지내용
(3) 독도에의 인지경로
(4) 독도에 대한 관심도
(5) 독도에 대한 관심내용·관심이 없는 이유
(6) 독도에의 관심을 높이기 위한 대처

먼저, (1) '독도에 관해 알고 있는가'라는 질문에 대해, 94.5%가 '알고 있다'고 응답했는데, 59%의 응답율에 불과했지만 응답한 대부분의 일본 국민은 독도의 존재에 대해 인지하고 있었다. 이는 최근 몇 년간 발생했던 독도관련 분쟁사안들이 언론에 보도되고 정보가 확산되면서, 독도에 관한 많은 정보들을 일본인들이 접하고 독도의 존재에 대해 인지하게 되었다고 볼 수 있다.

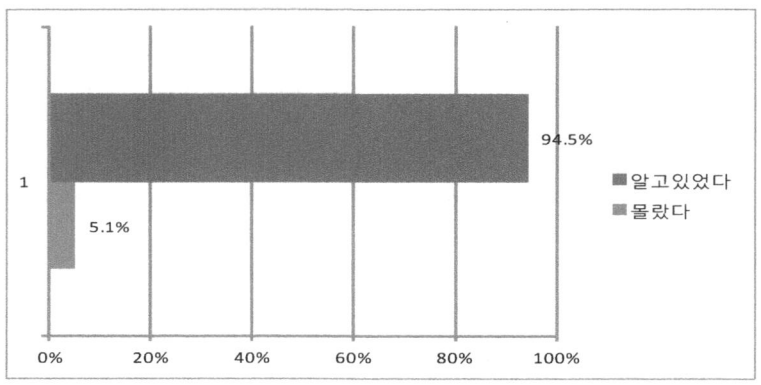

(2)에서는, 그럼 (1)질문에 '알고 있다'고 대답한 응답자들에게 독도에 관해 알고 있는 내용이 무엇인지 복수응답을 요구하여, 상위 5

항목을 추려내었다.

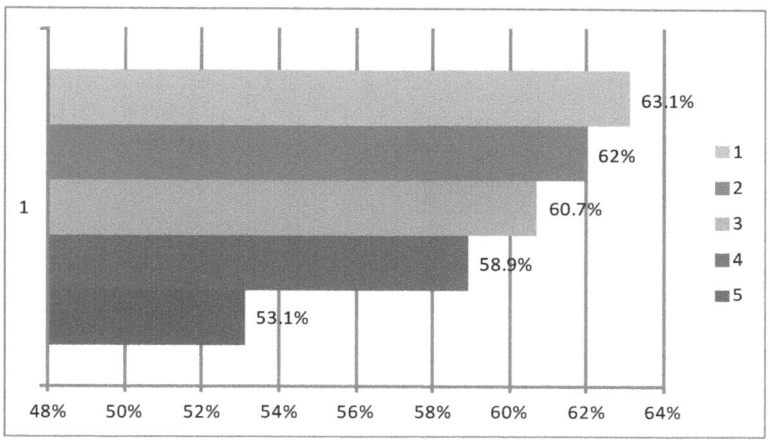

1. 독도에서는 현재도 한국이 경비대원등을 상주시키는 등 불법점거를 계속하고 있다(63.1%)
2. 독도는 시마네현에 속한다 (62%)
3. 독도는 역사적으로도 국제법상으로도 명백히 일본고유의 영토다(60.7)
4. 독도는 일본해 남서부에 위치한다(58.9%)
5. 일본은 한국이 독도에 관한 어떤 조치를 할 때마다 한국에 항의하고 있다(53.1)

(2)의 조사 항목을 살펴보면, 독도는 '일본 고유의 영토'라는 전제 하에 의도적으로 만들어진 내용이라 볼 수 있다. 특히 독도 사안과 관련해 일본과 한국과의 현 상황을 '대치와 갈등' 국면으로 몰아가려는 강한 의도가 엿보인다. 그리고 무엇보다 독도의 존재를 인지하고 있다하더라도, 독도에 관한 구체적인 상황이나 정확한 정보까지 인지하고 있는 정도는 낮다고 볼 수 있다.

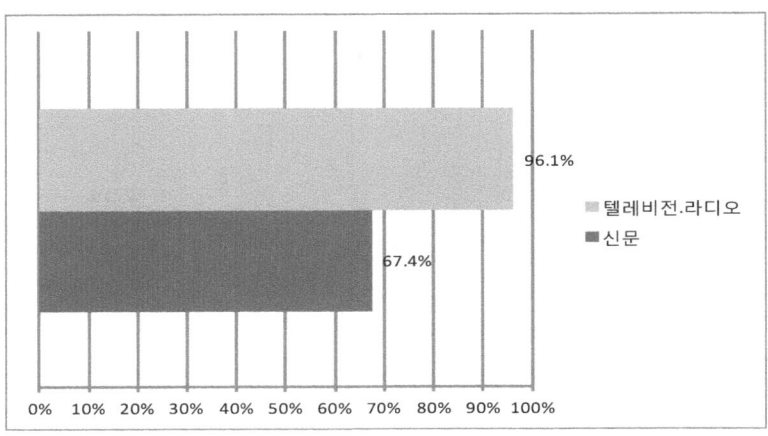

　(3)에서는 '독도에의 인지경로'에 대해, 복수응답을 요구한 결과 텔레비전과 라디오가 96.1%, 신문이 67.4%를 차지했다. 매스미디어를 통해 독도문제를 접하는 경우가 대부분이었고, 이 외에도 잡지와 서적이 16.6%, 가족과 지인을 통해 인지하게 되었다는 응답이 9%로 미미한 수치를 기록했다. 기타에는 수상관저나 외무성 홈페이지 이외 인터넷 정보를 통해서, 그리고 학교 수업을 통해 알게 되었다는 응답이 나왔다.

　예상대로 대표적인 미디어 언론이라 할 수 있는 텔레비전과 라디오, 신문, 서적, 인터넷 등의 응답이 나왔고, 향후 이러한 매스미디어를 통해 독도에 관한 정보가 전파되고 확산될 것임은 명백하다.

　(4)독도에 관한 관심도를 묻는 질문에 대해서는, '관심이 있다'[관심이 있다(27.5%)+관심이 있는 편이다(43.6%)]는 응답이 71.1%였으며, '관심이 없다'[관심이 없는 편이다(18.1%)+관심이 없다(9.9%)]가 28%였다. 과반수 이상의 일본 국민이 독도에 대한 관심을 나타냈다고

볼 수 있다. 그리고 독도에 관한 관심을 표현한 응답자들에게 독도의 어떤 것에 관심이 있는지, 관심내용에 대해 질문했더니, (5)의 응답에서 무엇보다 '일본의 독도 영유권에 대한 정당성(67.1%)'에 가장 큰 관심을 보였고, 그리고 '독도에 관한 역사적 경위(53.9%)'와 '일본 정부와 지방자치단체의 대응·대처상황(38.6%)' 순으로 관심을 나타냈다. 이는 무엇보다 국민의 내셔널리즘을 자극하는 영토분쟁과 영유권 갈등문제에 일본 국민이 가장 민감하게 반응하고 있음을 시사한다. 그 외에는, '독도 주변 지하자원과 수산자원에 대한 관심(35.6%)' 및 '한국과 일본 이외의 각국 지역의 태도(29.6%)' 등의 응답이 나왔다.

그리고 일부(28%)의 '독도에 관심이 없다(혹은 관심이 없는 편이다)'고 의사 표시한 응답자에 대해서는, 관심이 없는 이유에 관해 질문했다. 이에 대해, ①'자신의 생활에 그다지 영향이 없기 때문에(54.9%)' ②'독도에 관해 알 수 있는 기회나 생각할 기회가 없었기 때문에(41.3%)'라는 응답이 제일 많았다.

마지막으로 (6) 독도에 대한 관심을 높이기 위한 홍보활동 및 정부의 대처에 대한 응답에서는, '텔레비전 프로그램과 신문을 이용한 상세한 정보 제공'이 77.8%로 가장 높았고, 이어서 '역사적 자료와 문헌 전람회의 개최(31.2%)', '보기 쉽고 알기 쉬운 인터넷 홈페이지 개설(30.7%)' 순으로 나타났다. 그 외에도 '텔레비전 광고를 활용한 홍보(24%)'와 '전국 포스터 게시와 팸플릿 등을 통한 홍보간행물 배포(23.8%)'등의 응답이 있었다. 이는 향후 일본정부가 독도에 관한 홍보활동을 위해 언론을 적극 활용, 독도에 관한 영유권 주장을 강화해 나갈 것임을 시사한다.

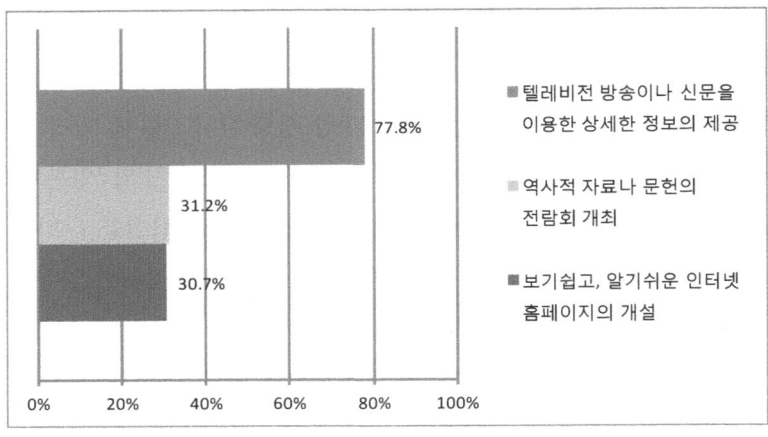

이처럼 일본 정부가 현시점에 독도에 관한 여론조사를 발표한 것은 앞으로 독도(센카쿠 제도/댜오위 다오 포함)문제에 관한 영토분쟁에서 더욱 강경한 태도를 보일 것이며, 앞으로 일본내 보수우경화 현상이 더욱 가속화될 조짐이라 볼 수 있다.

2. '미디어 내셔널리즘'의 부상과 독도

최근 세계 각국의 '보수주의 회귀' 현상이 두드러진다. 일본 또한 예외 없이 작년 자민당 정권인 아베 정부의 출범 이후, 한층 보수화 우경화 경향이 짙어지고 있는 것이 사실이다. 이러한 정치적 상황의 배후에는 전 세계적으로 '영토와 국가를 초월해 미디어를 통해 상대국을 비하하거나 자국 우월주의를 내세우는, 새로운 형태의 민족주의'가 대두되고 있는데, 이를 '미디어 내셔널리즘'이라 한다.[2]

---

2) 오이시 유타카(大石裕)는 저서 『미디어 내셔널리즘의 행방(メディア・ナショナリズ

미디어라 하면, 우선 일간지인 신문이 있다. 일본은 세계 제 2위의 신문 소비 국가이며(인구 천 명당 634.5부가 구독, 일본신문협회편 호, 2007)이며, 발행부수 세계 4위까지를 모두 보유하고 있는 신문대 국이기도 하다.3) <요미우리신문(読売新聞)><아사히신문(朝日新聞)> <마이니치신문(毎日新聞)><니혼게이자이신문(日本経済新聞)>은 부수와 영향력 면에서 일본 신문을 대표하는 신문으로 인식되고 있다. 예를 들면, 일본 신문은 신문사마다 '독도'의 표기법을 달리하고 있는데, '다케시마(竹島)'라고 표기하는 신문과 '竹島(韓國名・獨島)'라고 병기하는 등의 차이를 보였다. '다케시마(竹島)'라고 표기한 것은 일본의 영토임을 강하게 주장하는 의사 표시이며, 나아가 한국에 대한 강한 반감이 함축되어 있다고 할 수 있다. 이에 비해, '竹島(韓國名・獨島)'처럼 표기한 것은 일본의 입장뿐 아니라 한국의 입장과 주장을 대변하려는 언론사의 의사 표시로 여겨진다.4) 진보적이고 좌익

ムの行方)』(朝日新聞社' 2006)에서 "한일 간에 마찰이 발생했을 때 한일 양국의 미디어와 국민여론이 서로 상승작용을 일으켜 내셔널리즘을 증폭시켰으며, 이 같은 양상이 한국사회에서도 나타나 한국인들의 반일감정을 강화시켰다"고 지적했다.

3) 2003년 현재 <요미우리신문>(1440만부)세계 1위, <아사히신문>(1240만부)세계 2위, <마이니치>(568만부)세계3위, <닛케이>(480만부)세계4위.
출처 http://blog.naver.com/kyckhan(2013.9.20)검색

4) <표1>신문사별 독도 표기법(기사에 따라 일부 예외는 있지만 대체적인 표기법은 아래와 같음)

아사히신문	竹島(韓國名・獨島)
마이니치신문	竹島(韓國名・獨島)
도쿄신문	竹島(韓國名・獨島)
요미우리신문	竹島
니혼게이자이신문	島根県 竹島
산케이신문	竹島(島根県隠岐の島町)

성향이 짙은 일간지라 평가받는 <아사히신문><마이니치신문><도쿄신문>은 '竹島(韓國名·獨島)'라고 표기하는 반면, 우익성향이 짙고 보수 성향을 대표하는 신문일수록 일본령임을 강조하기 위해 '竹島(島根縣隱岐の島町)'라는 표기방식을 취하고 있다. 이렇게 상이한 표기방식을 취하고 있는 것은 각 신문이 신문사별 논조와 이념성향에 따라 보도프레임을 달리 유지하고 있음을 상징적으로 나타내고 있는 것이다.

그리고 미디어의 일종인 출판과 인터넷에서 다루어지고 있는 독도문제는 더욱더 일본의 자민족 우월주의를 자극하고 한국과 중국 등 일본과 영토갈등을 빚고 있는 국가에 대해 비판적이고 부정적인 시각을 띠고 있다는 특징이 있다. 예를 들면, 2005년 출판되어 베스트셀러가 되기도 했던, 일본의 만화『혐한류(嫌韓流)』1권은 '독도문제'와 같은 영토문제에 대해 보수우익 논객들의 시각에 선 내용이 대부분이다. 또한 인터넷의 발달로 1999년 개설된 익명의 인터넷 게시판인 '2채널(일본명 니찬네루)'은 독도사안에 대한 신문사의 기사 소스를 재차 인터넷을 통해 확대, 재생산하면서 일본의 보수주의 성향을 가속화시키는 기능을 하고 있다.

이와 같이 독도문제와 같은 영토분쟁은 특별한 내셔널리즘적 성향이 없는 사람도 민감하게 반응하기 마련이며, 이런 특성으로 인해 더욱 용이하게 권력을 가진 미디어에 의해 선택되고 편집된 컨텐츠가 일반 대중에게 전파되고 확산되기 쉬운 경향을 가진다.

3. 일본 언론에 나타난 독도방문과 한일관계

2008년에 집권한 이명박 정권은 아시아 외교를 중시하는 후쿠다 야스오 내각의 출범과 함께 한일 양국 관계에 훈풍이 불었다. 이명박 정권은 일본에 대해 비교적 온건한 자세로 임할 방침을 보이며, 소위 한국과 일본은 과거와 미래를 모두 중시하는 실용외교를 기반으로 '미래지향적 성숙한 동반자 관계'를 지향했다. 하지만 최근 일본내 여론조사(2012년 10월, 일본 내각부 주관)에 의하면, 이명박 정권 시기 동안에는 높은 수치를 유지하던 한국에 대한 친근감 정도가 정권 말기에 이르면 갑자기 급락하여 거의 전후 최저치라 할 수 있는 수치를 기록하고 있다.

이와 같은 급격한 한일관계 악화의 배경에는 작년 8월 10일 이명박 대통령(당시)의 독도방문이 있었다. 금년 4월 5일자 요미우리신문은 대통령의 독도방문에 관해 극명하게 엇갈린 한일 양국간 국민인식을 조사했는데, <이 대통령의 독도방문에 관해서는, 일본에서 '적절하지 않았다'는 대답이 86%를 차지했는데 한국에서는 대조적으로 '적절했다'는 대답이 67%에 달했다. 한일관계를 개선하기 위해 우선하여 해결해야 할 문제(복수대답)에서도, '독도를 둘러싼 문제'가 일본에서 68%, 한국에서 72%에 달해, 1순위로 꼽혔다>. 즉, 한국인은 독도방문이 '적절했다'가 과반수 이상을 차지한 반면, 일본인은 '적절치 못했다'는 비율이 90% 가까이 차지하여, 한일 양국간 상호인식의 극명한 대조를 이루었다. 앞으로의 한일관계 개선을 위해서는 독도문제가 안정되어야 함을 시사하고 있다.

당시 일본의 6개 신문은 모두 이 전 대통령의 독도방문에 대해 심도 있게 다루었다. 먼저, <산케이신문>은 '한국이 반세기 이상 불법 점거한 일본 영토에 상륙 강행한, 일본의 주권을 짓밟는 행동'이라며 여과 없는 분노를 표했다. 그 외 <니혼게이자이신문>의 '장래의 한일관계에 큰 화근을 남기는 어리석은 행동'이라는 비판 외에도, '대통령의 성급함에는, (위안부문제를 뒤집은 것에 더해)한층 실망을 금할 수 없다'(<요미우리신문>), '임기 태반은 좋은 관계를 쌓아온 만큼 실망감은 깊다'(<도쿄신문>)라고, 이 대통령에 건 기대가 배반당한 것을 강조하는 논조도 보였다. 그리고 위안부문제로 일본에 사죄와 보상을 요구하는 한국의 주장에 이해를 표시하는 <아사히신문>은 경제와 과학기술 분야 대화를 그만두면 일본에도 불이익이 발생한다고, '대항조치와 대국적 견지에 선 외교를 현명하게 조직할 필요가 있다'고 지적했다. <닛케이신문>도 대항조치를 경제 분야까지 확대하는 것에 의문을 나타내고, '감정에 맡긴 과잉반응은 신중해야 한다'는 견해를 표시했다.

대부분의 일본 언론들이 독도방문에 관해 부정적이고 공격적인 보도행태를 취하고 있는데 비해, 일부 진보주의 언론사들은 감정을 자제하고 신중한 태도로 대응해야 함을 강조하고 있다.

4. 냉정하고 현명한 언론의 대처 요구

이와 같은 연구결과를 통해 알 수 있듯이, 일본 여론은 독도문제 보도에 관해 대체적으로 국가적 이익과 정권의 이념에 의한 보수우익의 시각에 서서 정부의 입장을 대변하는 경향이 짙었고, 일부 진보적인 성향의 신문들은 일본 정부에 대해 좀 더 신중하고 장기적인 안목에 선 자세를 요구하기도 했다. 이러한 보도행태에 여과 없이 노출된 일본 여론과 대중은 한일 상호간의 갈등과 반목을 부추겨, 한국에 대해 부정적인 정서와 이미지를 형성하였다고 볼 수 있다. 현재 사회적 분위기가 여느 때와 다르게 우경화현상으로 치닫고 있는 상황에서 언론은 국가적 이익을 대변하기보다는 좀 더 냉정하고 현명하게 외교적 차원에서 접근할 필요성이 있을 것이다.

제2장 이명박 대통령의 독도방문에 대한 일본 언론의 보도 분석

1. 일본 언론보도 연구의 필요성

2012년 한해는 한일 간 갈등이 불거지며 정치·경제·문화 분야를 막론하고 한일 양국이 쌓였던 불만이 속출하여 유례없는 갈등국면을 맞이한 한 해였다. 일본 내각부의 여론조사에 의하면, 여론조사가 시작된 53년 이래 최악의 한일관계와 한국에 대한 부정적 이미지 또한 최고치를 갱신했다. 이러한 한일 갈등국면의 정점에는 한일 간 독도 영유권 문제가 가로지르고 있었다.

이렇듯 한일 양 국민은 상대국에 대해 긍정적이든 부정적이든 어떤 고정된 이미지를 가지고 있는데, 특히 부정적인 이미지는 미디어에 의해 주도된 정보에 의지해서 만들어진 것이 대부분이다. 즉 본질적으로 권력을 지닐 수밖에 없는 어떤 미디어에 의해 선택되고 편집된 컨텐츠가 대중들에게 전파되면, 그것은 메시지가 되어 대중에게 흡수된다.

특히 한일 간의 갈등은 그 연원을 거슬러 올라가면 식민지 지배라는 지울 수 없는 역사적 상처에서 연유한다. 따라서 '독도'라는 영토 갈등의 문제는 특히 한국인에게 '더 이상 빼앗길 수 없는 우리 영토', '다시 찾은 우리 조국'이라는 이미지로 각인되어 왔다. 한국인들에게 독도문제는 정치, 경제적 이점을 획득하는 수단이라기보다는, 일본에 의해 '잃어버린' 36년 역사에 대한 일종의 '정서적 치유'처럼 연상된다.

하지만 독도문제는 지금까지 한일 양국간 정치적 이슈로 변하여 양국 정치가의 정치노선이 바뀔 때 마다 변화·각색·미화되어 한일 국민들에게 보도되어 온 경향이 짙었다. 이처럼 대중의 감정적 내셔널리즘을 자극하여 자국에 혹은 정권에 유리한 정치적 행위로 변질될 우려가 있는 것이다. 예를 들면 일본 정치가의 망언발언을 확대보도하기도 하고 공론화하기도 하여 한국의 반일정서를 부추기기도 한다.

특히 독도문제와 같은 영토분쟁에 관한 보도에 관해서는 국가적 이익을 우선한다는 보도경향이 강한 것은 명백하다. 언론학자 월터 리프만(Walter Lippmann)[1])은 "뉴스란 기자가 만든 의사환경(pse-udo environment)"이라고 했는데, 인간은 가짜 환경을 참조하면서 자신의 행동을 형성하는 것이며, 행동의 결과는 현실 환경에 영향을 준다고 말한다. 즉 인간은 현실 환경, 가짜 환경, 행동의 삼각형 속에서 활동하기 때문인데 신문보도를 통해 전달되는 환경의 이미지는, 엄밀하게 말하면 본래 사실의 어딘가를 생략 또는 덧붙여 왜곡 전달되어 의사성(擬似性)은 자칫 피할 수가 없게 된다는 것이다. 또한 촘스키(Chomsky)는 미국 언론의 국제보도를 비판하며 언론의 국제보도가 정부의 '선전모델(propaganda model)'의 범위 내에서만 이루어지는 경향이 있다고 지적한다. 촘스키가 자주 인용하는 대표적인 사례는 캄보디아 대학살과 동티모르 대학살에 관한 미국언론의

---

1) Lippmann, W.(1922) Public Opinion, London : Free Press, pp. 18~19

편파적인 보도인데, 미국언론이 전자의 부당성과 부도덕성에 대해 매우 강도 높게 비판하였으나, 후자의 경우에는 침묵으로 일관했던 이중성을 꼬집고 있다.2)

이처럼 어느 나라 언론이든지 국내독자가 아닌 외국을 상대로 할 때는 국가이익을 감안하지 않을 수 없으며 더욱이 국제적으로 갈등을 빚고 있는 사안에 있어서는 자국의 이익을 대변하지 않을 수 없다.3) 즉 국가 간의 갈등이 형성될 때, 언론은 그들이 속하는 사회체계 속에서 국가이익이라고 인식되는 입장에 서게 된다는 것이다.4)

위의 견해들을 종합해 보면 국제보도는 국제관계 즉 국가이익 관계에 따라 국제적 사건을 어떠한 관점에서 보도하는지 영향을 받게 된다. 특히 일본에 관한 신문기사를 분석한 연구들을 살펴보면 일본을 부정적으로 인식하는 경향이 강함을 알 수 있다. 이에 관해 김정기5)는 1980년대 동아일보와 조선일보의 대일 기사를 분석하여, 한국 신문의 일본에 대한 부정적인 논조와 강한 반일 경향을 지적하고 있다. 또한 오모리 미츠루6)는 과거사에 대한 인식차이와 상대국에 대한 견해차로 양국관계를 다루려는 논조가 많았으며 한국 신문에 강한 대일 비판 논조가 나타나고 있음을 언급하고 있다.

---

2) 윤영철(1988) 「한일 신문의 독도관련 분쟁보도의 비교분석」, 사회과학논집29호, p.102
3) 팽원순(1989) 『현대신문방송보도론』, 범우사, p.44
4) 이은주(2001) 「역사교과서개정사건에 대한 한국과 일본 신문의 보도행태에 대한 비교연구」, 연세대 석사논문, p.23/최문희(1993) 「국가이익의 변화에 따른 신문보도의 반영에 관한 연구」, 서강대 석사논문
5) 김정기(1991) 「한국신문의 대일보도 성향에 관한 연구」, 『신문연구』, 51호
6) 오모리 미츠루(2000) 「신문사설을 통해 본 한국과 일본의 상호인식」, 한국외대 석사논문

한편, 일련의 사건들은 뉴스가 되기까지 여러 단계에서 커뮤니케이터에 의해 취사선택과 변형, 즉 게이트키핑(gatekeeping) 과정에 의해 선별된 특정사건의 특정부분이 강조되어 보도되는 경향이 있다. 일반 대중들은 이렇게 불안정한 매스미디어에 접촉하게 되고 의존하게 되는데, 이렇게 얻은 정보를 바탕으로 대상에 대한 이미지를 형성하게 된다.[7]

본 발표에서는 위에서 언급한 리프만의 구성주의 인식론과 '독도 관련 보도'에 한국과 일본의 과거사에 연유한 '특유의' 보도프레임이 작동하고 있음을 명확히 인식하고, 독도문제가 신문보도를 통해 어떻게 일본의 대중들에게 이미지 되고 형상화되는지 살펴보려고 한다.

환언하면, 한일 상호인식에 있어 가장 중요한 역할을 하고 있는 매스 미디어의 요인과 그 영향에 주목하여, 일본 주요 일간지의 성격과 특성을 분석하고 그곳에 나타난 독도 관련 보도 양상을 살펴봄으로써 오해와 무지, 커뮤니케이션의 장애에서 오는 한일 상호 인식에 대한 개선책을 제안하고 자 하는 것이다.

2. 일본의 언론보도

1) 일본의 신문

미디어하면 우리가 매일 접하는 일간지 '신문'이 떠오른다. 일본은 신문대국으로 알려져 있다. 일본은 세계 제 2위의 신문 소비 국가이

---

7) 다나카 아키코(2003)「한일 신문보도에 나타난 상호인식 차이에 관한 연구」, 성균관대 석사논문, p.10

며(인구 천 명당 634.5부가 구독, 일본신문협회편호, 2007)이며, 발행부수 세계 4위까지를 모두 보유하고 있는 신문대국이기도 하다.8) <아사히신문(朝日新聞)><요미우리신문(読売新聞)><마이니치신문(毎日新聞)><산케이신문(産経新聞)>은 부수와 영향력 면에서 일본신문을 대표하는 신문으로 인식되고 있다. 이들 대표적 신문에 대한 특성과 이념적 차이는 상이하다.9)

   (ㄱ) 아사히신문 : 좌경숙고형(左傾熟考型),
     숙고하는 버릇과 깊이 있는 비판의식을 생기게 하는 것이 특징
   (ㄴ) 요미우리신문 : 박식동조형(博識同調型),
     친정부적인 성향의 신문. 다방면의 정보를 제공하는 것이 특징
   (ㄷ) 마이니치신문 : 천광상식형(淺廣常識型),
     객관적이고 폭넓은 정보를 평범한 독자들에게 제공하는데 주력
   (ㄹ) 산케이신문 : 우경주장형(右傾主張型),
     우경 주장형이고 설득적인 논조가 특징
   (ㅁ) 닛케이신문 : 객관정보형(客觀情報型),
     경제전문지로서의 성격을 탈피한 경제계의 일반지.
     과학기술면의 해설이 압권

물론 한국의 경우, 인터넷의 발달로 미디어 환경 자체가 재편되고 기존의 종이신문의 권력이 옛날처럼 힘을 발휘하고 있지는 못하지만

---

8) 2003년 현재 <요미우리신문>(1440만부)세계 1위, <아사히신문>(1240만부)세계 2위, <마이니치>(568만부)세계3위, <닛케이>(480만부).
 출처 http://blog.naver.com/kyckhan(2013.9.20 검색)
9) 야마모도 히게노리 저, 정탁영 역 「자기 색깔 고집하는 일본 전국지」 『바른언론』 1996.9 강준만의 책에서 재인용

여전히 신문의 영향력은 무시할 수 없다. 일본의 경우, 세계에서 신문을 가장 많이 발행하고 가장 많이 소비하는 나라이며 하루 방문자가 100만 명이라고 하는 일본 최대의 인터넷 게시판인 '2채널(니찬네루)'의 소스가 기존 미디어의 기사라는 점, 한국에 대한 부정적 인식이나 일본내 '혐한류(嫌韓流)' 현상에 기초적인 정보를 제공하는 것이 주요 일간지 기사의 재생산, 확대라는 점은 주목할 만하다.

2) 일본 언론의 독도 표기법

영토와 국가를 초월해 인터넷을 통해 상대국을 비하하거나 자국우월주의를 내세우는 형태의 새로운 민족주의는 '미디어 내셔널리즘'이라는 이름으로 급부상하고 있다. 오이시 유타카(大石裕)는 그의 저서『미디어 내셔널리즘의 행방(メディア・ナショナリズムの行方)』(朝日新聞社 2006)에서 "한일 간에 마찰이 발생했을 때 한일 양국의 미디어와 국민여론이 서로 상승작용을 일으켜 내셔널리즘을 증폭시켰으며, 이 같은 양상이 한국사회에서도 나타나 한국인들의 반일감정을 강화시켰다"고 지적했다.

특히 독도문제는 만화 <혐한류> 1권의 주요 내용인 것처럼, 영토문제는 특별히 내셔널리즘적 성향이 없는 사람도 민감하게 반응하는 문제다. 독도가 한국령이라는 내용과 일본령이라는 내용이 혼재되어 있는데, 일본 일간지에서는 '독도'의 표기법에 따라 흥미로운 점이 발견된다. '다케시마(竹島)'라고 표기한 신문과 '竹島(韓國名·獨島)'라고 병기하는 등 표기법의 차이가 있었다. '다케시마(竹島)'라고 표기한 것은 자국의 영토임을 강하게 주장하는 의사 표시이며, 나아가 한국에 대한 강한 반감이 함축되어 있다고 할 수 있다. 이에 반해, '竹島(韓國名・獨島)'처럼 표기한 것은 자국의 입장뿐 아니라 한국의 입장과 주장을 대변하려는 의사 표시로 여겨진다.

진보적이고 좌익성향이 짙은 일간지라 평가받는 <아사히신문><마이니치신문><도쿄신문>은 '竹島(韓國名・獨島)'라고 표기하는 반면, 우익성향이 짙고 보수성향을 대표하는 신문일수록 일본령임을 강조하기 위해 '竹島(島根県隱岐の島町)'라 표기하고 있다.

3) 일본여론에 나타난 한국 인식 및 이미지

다음 그래프는 '한국에 대한 친근감'을 조사한 일본 내각부의 여론조사 결과이다. 몇몇 해를 제외하면 전체적으로 50% 정도의 고른 수치를 유지하고 있다. 한일 월드컵 공동개최가 있었던 2002년을 기점으로 꾸준히 상승하여 2004년에는 56.7%였던 한국에 대한 친근감이 2006년에는 48.5%까지 서서히 하락하였다. 이러한 하락세는 2006년을 기점으로 다시 반등하기 시작해 2009년에 최고 수치인 63.1%를 기록한다. 이 수치는 여론조사를 시작한 53년 이래 가장 높은 수치다.

2008년에 집권한 이명박 정권은 아시아 외교를 중시하는 후쿠다 야스오 내각의 출범과 함께 한일 양국 관계에 훈풍이 불게 되었다. 이명박 정권은 일본에 대해 비교적 온건한 자세로 임할 방침을 보이며, 소위 한국과 일본은 과거와 미래를 모두 중시하는 실용외교를 기반으로 '미래지향적 성숙한 동반자 관계'를 지향했다.

하지만 최근 일본내 여론조사(2012년 10월, 일본 내각부 주관「外交に関する世論調査」)에 의하면, 이명박 정권 시기 동안에는 높은

수치를 유지하던 한국에 대한 친근감 정도가 정권말기에 이르면 갑자기 급락하여 거의 전후 최저치라 할 수 있는 수치를 기록하고 있다.

〈그래프1〉 한국에 대한 친근감

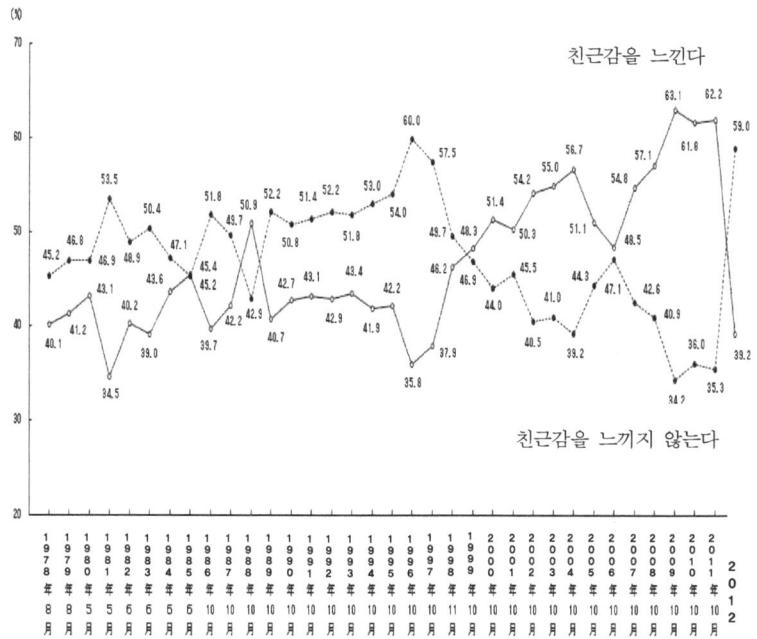

(http://www8.cao.go.jp/survey/h24/h24-gaiko/index.html 출처:일본내각부)

이러한 사실은 여론조사결과를 세부적으로 살펴보면 더 확실히 파악된다.

〈표1〉 한국에 대한 친근감 유무

친근감 유무/연도	2008	2009	2010	2011	2012
친근감을 느낀다	57.1	63.1	61.8	62.2	39.2
친근감을 느끼지 않는다	40.9	34.2	36.0	35.3	59.0

〈표2〉 한국에 대한 친근감(연령별)

연령/연도	2008	2009	2010	2011	2012
20대(20-29세)	61.2	65.1	64	61.3	53.8
30대(30-39세)	63.3	63.3	66.8	67.6	46.7
40대(40-49세)	63.5	65.1	66.9	69.6	42.8
50대(50-59세)	58.6	67.1	66.5	62.9	45.7
60대(60-69세)	52.9	60.1	57.3	61.6	37.5
70세 이상	46	60	52.5	54.3	23.8

① 일본인의 한국에 관한 친근감 조사

한국에 관한 친근감 여론 조사에서,「친근감을 느낀다」고 대답한 비율이 39.2%(「친근감을 느낀다」9.7% +「느끼는 편이다」29.4%),「친근감을 느끼지 않는다」고 대답한 비율이 59.0%(「느끼지 않는 편이다」28.1% +「친근감을 느끼지 않는다」30.8%)이다.

2011년 10월 조사 결과와 비교하면,「친근감을 느낀다」(62.2%→39.2%)는 비율이 하락하고,「친근감을 느끼지 않는다」(35.3%→59.0%)는 비율이 상승하고 있다. 성별로 분석하면, 친근감을 느낀다는 비율은 여성이 높고, 느끼지 않는다는 비율은 남성이 각각 높다. 연령별로 보면,「친근감을 느낀다」는 비율은 20대, 30대, 40대이며,「느끼지 않는다」는 비율은 70세 이상이 각각 높았다.

② 일본인의 한일관계 평가 조사

'현재 한국과 일본과의 관계는 양호하다고 생각하는가'라는 질문에 대해, '양호하다고 생각한다'는 비율이 18.4%(「양호하다」2.0%+「그럭저럭 양호」16.5%), 「그렇지 않다」는 비율이 78.8%(「별로 양호하지 않다」36.9%+「양호하지 않다」41.9%)을 기록했다. 2011년 10월 조사와 비교해 보면,「양호하다」(58.5%→18.4%)는 비율이 하락하고,「양호하지 않다」(36.0%→78.8%)는 비율이 상승하고 있다.

〈표3〉 한일관계 평가 조사

양호도 유무/연도	2008년	2009년	2010년	2011년	2012년
양호하다	49.5	66.5	59.9	58.5	18.4
그렇지 않다	45.9	27.3	37.7	36.0	78.8

〈표4〉 한일관계 평가 조사(연령별)

연령/연도	2008년	2009년	2010년	2011년	2012년
20대(20-29세)	49.2	65.1	57.7	53.2	19.3
30대(30-39세)	54.7	60.8	58.4	62.6	18.4
40대(40-49세)	48.4	67.6	59.8	58.3	20
50대(50-59세)	54	72.4	64.4	59.8	20.9

60대(60-69세)	45.6	64.9	63.4	61	18.7
70세 이상	45.3	66.4	54	54.6	15.1

<그래프2> 현재의 한일관계

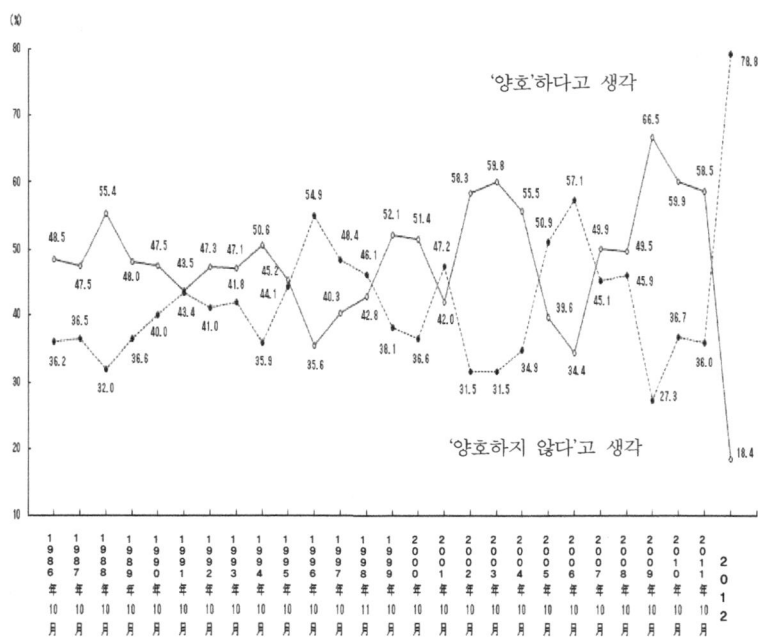

(http://www8.cao.go.jp/survey/h24/h24-gaiko/index.html) (출처: 일본 내각부)

위와 같은 급격한 한일관계 악화의 배경에는 작년 8월 10일 이명박 대통령(당시)의 독도방문이 있었다. 금년 4월 5일자 요미우리 신문에 의하면, <작년 8월, 한국의 이명박 대통령(당시)이 독도를 방문한 사건 등으로 일본 측의 한국에 대한 평가와 감정이 급속하게 악

화, 현재의 한일관계가 '나쁘다'는 회답은 71%이며, 이것은 지난번 2011년 27%에서 급증한 수치다. 1995년 이후 모두 9회에 걸친 조사 중에서도 최고치였다. 한국에서도 '나쁘다'고 생각하는 사람이 78%(전회 64%)까지 증가해, 국민감정적인 면에서도 관계악화가 선명해졌다.>고, 대통령의 독도방문이 한일관계 악화의 원인이라 지적한다.

이어서 요미우리신문은 대통령의 독도방문에 관해 극명하게 엇갈린 한일 양국간 국민인식을 조사했는데, <이 대통령의 독도방문에 관해서는, 일본에서 '적절하지 않았다'는 대답이 86%를 차지했는데 한국에서는 대조적으로 '적절했다'는 대답이 67%에 달했다. 한일관계를 개선하기 위해 우선하여 해결해야 할 문제(복수대답)에서도, '독도를 둘러싼 문제'가 일본에서 68%, 한국에서 72%에 달해, 1순위로 꼽혔다.>. 즉, 한국인은 독도방문이 적절했다가 과반수 이상을 차지한 반면, 일본인은 '적절치 못했다'는 비율이 90% 가까이 차지하여, 한일 양국간 상호인식의 극명한 대조를 이루었다. 앞으로의 한일관계 개선을 위해서는 최우선적으로 독도문제가 안정되어야 함을 시사하고 있다.

3. 연구방법

1) 분석대상 및 자료수집

본 연구를 위해 일본신문 중에서 <아사히신문(朝日新聞)>과 <산케이신문(産経新聞)>을 분석대상으로 하였다. 선정 이유는 발행 부수와 정치적 성향 등을 고려하여 가장 중립적이고 진보적인 성향을 가졌다고 평가되는 <아사히신문>과 가장 보수적 성향이 짙다고 평가되는 <산케이신문>을 선정하였다. 이것은 서로 상반된 이념성향을 보이는 대표적인 신문 2개를 선택함으로써 복합적이고 다층적인 일본인들의 의식구조를 좀 더 명확히 관찰할 수 있다고 생각했기 때문이다. 분석기간은 이명박 전 대통령의 독도방문 시점인 2012년 8월 10일을 기점으로 8일간, 즉 2012년 8월 10일~8월 18일까지를 분석기간으로 하였다. 일본신문은 각각 자회사 홈페이지에서 기사검색 서비스를 이용하여 '竹島'라는 키워드 검색을 사용하여 기사추출을 하였다. 기사추출 후 명백히 독도와 관련이 없다고 판단되는 기사는 제외하는 방식을 채택하여 다음과 같은 신문별 분석대상을 추출하였다.

<표5> 신문별 분석대상(단위: 건(%))

신문사	아사히신문	산케이신문	합계
기사	61건 (39.1)	95건 (60.9)	156건 (100)

먼저 이명박 전 대통령10)의 독도방문을 시작으로 하여 약 일주일간 독도관련 보도가 어느 정도로 쏟아져 나왔는가 알아보기 위해 한일 양국의 각 신문사의 일자별 기사의 양을 추적하기로 한다. 나아가 분석대상 기사의 중심 내용이 무엇이며 어떠한 시각에서 보도되고 있는가를 확인하기 위해 보도기사의 주요 쟁점을 다음과 같이 8가지 주제로 분류하였으며 각 항목은 다음과 같다.

---

10) 여기서는 이명박 전 대통령을 편의상 이 전대통령 혹은 MB라는 명칭을 병용한다.

(a) MB의 독도방문
(b) ICJ(국제사법재판소)제소 관련
(c) 독도 세리모니(박종우 축구선수 세리모니, 독도횡단수영)
(d) MB의 일왕 사과 발언
(e) 동북아영토갈등
(f) 역사인식, 과거사 문제, 위안부문제 등
(g) 한일 민간 교류 및 반대 시위
(h) 경제 국방 환경(방파제, 과학기지건설)

기사의 논조는 위의 보도기사의 주요 쟁점 8가지 중에서 명확하게 지지와 비판으로 엇갈리는 사안이었던 (a) MB의 독도방문 기사에 대하여 (1)긍정적 (2)부정적 (3)중립적 등 3가지로 분류하였다.

4. 연구결과

1) 보도의 양적 분석

MB의 독도방문은 우리나라 현직 대통령으로서는 헌정 사상 최초의 사건이었으며 이 사건을 기점으로 한일 양국 언론의 반응은 뜨거웠다. 이와 유사한 사건으로 이 사건 직전인 2012년 7월에 러시아 대통령이었던 메르베데프가 일본과 영유권 분쟁 중이었던 쿠릴열도(일본명: 북방영토)를 방문하였지만 이와는 사뭇 다른 것이 한국과 일본의 반응이다.

아래의 <표6>은 MB의 독도방문 이후 급격하게 쏟아지는 기사의 양을 표시한 것이다. 한일 양국 신문 중에서도 일본의 우익성향이 짙은

<산케이신문>의 기사 수는 8일간 95건을 나타내고 있으며 <아사히신문>이 61건의 기사를 싣고 있다. 일자별로 살펴보면, MB의 독도방문이 있은 직후인 8월 11일 기사가 전체 46건으로 가장 많고 8.15 광복절 연설 직후에 40건, 그리고 점점 감소하는 경향을 띠고 있다. 그 중에서도 <산케이신문>이 한국 신문보다 가장 많은 기사를 게재하고 있으며 거의 매일 10건 이상의 기사를 보도하고 있음을 알 수 있다.

〈표6〉 독도방문이후 독도관련 기사 게재 건수

신문사	8.10	8.11	8.12	8.13	8.14	8.15	8.16	8.17	8.18	합
아사히신문	3	13	4	6	5	5	8	8	9	61
산케이신문	7	18	8	5	11	10	14	10	12	95
합계	10	31	12	11	16	15	22	18	21	156

이것은 MB의 독도방문 직후 일본 외교상의 유감표명과 주한 한일대사의 소환 등이 이어지고 8월 11일에는 런던 올림픽 한일 축구전에서 박종우 선수의 '독도는 우리 땅' 세리모니 논란까지 연달아 발생하기 때문이다. 여기에 더하여 8월 14일에는 다시 MB의 일왕 사과 발언 요구까지 더해지면서 일본 여론은 뜨겁게 달구어지고 일본 우익단체의 반한시위로까지 번지게 된다. 이러한 언론의 보도에 가세하여 일본 텔레비전 방송국도 배우 송일국 씨가 출연하는 드라마 방영을 연기하는 등 일반 대중들의 눈치를 살피는 형국으로 번지게 된다.
이처럼 정치보도가 단기간에 거대한 전파력을 가지고 일본의 일반

대중에게 확산되는 양상은 보기 드문 현상이라 할 수 있다. 특히 보수우익성향이 강한 <산케이신문>에서 한국 신문보다 훨씬 더 많은 양의 기사를 싣고 여론을 반영하고 있는 것은 현재 우경화현상이 심화되고 있는 일본의 사회현상과도 깊은 관련이 있을 것이다.

이러한 기사의 내용 분석에 관해서는 신문기사의 질적 분석에서 좀 더 자세히 살펴보도록 한다.

<표7> 일본 신문의 보도 쟁점별 게재 건수

신문사		아사히	산케이	합계
독도관련 기사의 주요 쟁점	MB의 독도방문	24	33	57
	ICJ(국제사법재판소)제소관련	6	6	12
	독도 세리모니 관련 (박종우선수 세리모니, 독도횡단수영)	8	12	20
	일왕 사과 요구 발언	5	5	10
	동북아영토갈등	4	6	10
	역사인식, 과거사 문제	4	5	9
	한일 민간 교류 및 시위	7	7	14
	경제 국방 환경(방파제, 과학기지건설)	1	4	5
	기타	2	17	19

<표7>은 일본 신문의 보도 쟁점을 주요 주제별로 분류하여 다음과 같은 8가지 주제로 나눈 결과이다. MB의 독도 방문에 관해 가장 많은 양의 기사를 게재하고 있는데 이는 예상대로 MB의 독도방문이 한국보다 일본 여론에 더 큰 파장을 불러 일으켰음을 알 수 있다. 일본 신문이 한국 신문보다 더욱 많은 기사의 양을 쏟아내며 시시각각 한

국 여론의 추이를 촉각을 곤두세우고 보도하고 있다. 이후 이를 계기로 일본 측에서는 독도문제를 국제사법재판소(ICJ)에 제소하려는 움직임과 주한 대사를 소환하는 방침 등이 동시다발적으로 벌어지고 대외적으로는 박종우 선수의 '독도는 우리 땅'세리모니까지 더해진다. 일본 신문은 MB의 독도 방문 다음으로 '독도 세리모니'에 큰 관심을 갖고 보도하고 있다. 이는 MB의 독도 방문이라는 정치적 사안이 사회적 사안으로 전환되며 엄청난 전파력을 가지고 일반 대중의 핫이슈로 일시에 확산되는 양상을 띠게 되는 것을 의미한다. 이와 관련하여 한국과 일본의 대중들은 SNS나 트위터를 통해 자신의 의사를 적극적으로 표현하는데 한국과 일본의 신문은 이러한 여론 분위기를 내셔널리즘적으로 몰아가는 양상도 나타난다.

이어서 보도된 MB의 일왕 사과 요구 발언에 관해서도 높은 비중을 갖고 보도하고 있다. 국내외 민간교류의 지속 및 중지, 그리고 일본 내 우익단체의 반한시위 등을 사실 그대로 전달하는데 주력하고 있다. 그리고 독도분쟁 뿐만 아니라 중국과 러시아 등과 복잡하게 얽혀있는 '동북아 영토갈등' 문제에 대해서도 일본신문은 '신냉전시대'라는 표제로 특집을 기획하거나 관련 기사를 연재하고 있다.

그럼 다음 장의 2)보도의 질적 분석에서는 <표7>에 나타난 일본신문의 보도쟁점에 관해 각 항목별로 신문사별 보도행태를 자세하게 살펴보도록 한다.

2) 보도의 질적 분석

보도의 질적 분석에 있어서는 보도기사의 주요 내용이 무엇이며 언론이 어떤 관점에서 묘사하고 있는가를 확인하기 위해 내용분석 연구방법을 채택했다. 분석유목은 각 신문사별 기사를 리뷰한 뒤 기사의 주요 내용이 무엇인지 분석유목을 정하는 귀납적 접근방법을 선택했다. 여기에서는 이 방법에 의해 분류한 8가지 주제 중에서 비중이 가장 높은 MB의 독도방문 항목에 관하여 질적 분석을 실시했다.

2012년 8월 10일 이명박 전 대통령이 독도를 방문하면서 일본 언론의 국제보도가 집중되었다. 일본 정부는 즉시 주한 대사를 소환하고 독도문제를 국제사법재판소에 회부하겠다고 강경하게 비난하였으며 연이어 통화 스와프 중단 카드까지 꺼내들었다. 연이어 축구선수의 독도세리모니 논란, 일왕 사과요구 발언 등 독도문제는 정치적 사안에서 한일 양국의 내셔널리즘을 자극하는 보도로 연일 국민감정을 뜨겁게 부채질했다. 여기에서는 이러한 일련의 사건의 시발점이 된 현직 대통령의 독도방문에 관한 보도를 분석하고 그 보도에 나타난 한국의 이미지가 어떤 것인지 파악하려고 한다. 즉 일본 언론이 묘사하는 보도를 통해 형성된 한국의 이미지는 무엇인가 일본의 주요 일간지를 중심으로 분석한다.

먼저 한국내 여론도 이 사안에 관해서는 엇갈린 평가를 내리고 있다. 예를 들면, <조선일보>는 다음과 같은 기사를 보도하고 있다.

<u>국가원수이자 군 통수권자인 대통령의 독도 방문은 독도 영유권(領有權)을 표현하는 최고 수준의 상징적 조치로, 독도를 분쟁지역화하려는 일본 정부의 끊임없는 시도에 강한 경고를 보낸 것으로 해석된다.</u>

(<조선일보>8월 11일자)

대통령의 독도 방문은 일본 내의 이런 흐름에 쐐기를 박아야겠다는 판단에 따라 이뤄졌을 것이다. 일본이 지난 100년간 이웃 나라들에 저지른 죄과에 대해 철저한 반성을 하기는커녕, 어정쩡한 반성마저 수시로 뒤집고 종군(從軍) 성노예 문제와 역사 왜곡에 대해 적반하장(賊反荷杖) 격의 몰염치한 태도를 보인 데 대해 우리 국민 전체가 느끼는 분노도 작용한 것으로 보인다.

(〈조선일보〉8월 11일자 사설)

즉, 이 대통령의 독도방문은 '독도 영유권을 표현하는 최고 수준의 상징적 조치'이며 '독도를 분쟁지역화하려는 일본 정부의 끊임없는 시도에 강한 경고'로 해석하고 있다. 일본의 지금까지의 파렴치한 태도에 대한 당연한 조치로 평가하고 있는 것이다. 이에 반해 〈한겨레〉는

하지만 이번 이 대통령의 독도 방문은 일본의 도발에 대한 맞대응 차원이라고 하기엔 상징성과 강도가 너무 세다. 정책전환이라고 하기엔 너무 돌발적이다. (중략)일본에서 나오는 주장처럼, 친인척 비리와 실정으로 임기 말 권력누수에 빠진 이 대통령이 곤경을 탈피하는 수단으로 국민의 감정적 호응이 큰 일본 문제를 활용했을 가능성도 배제할 수 없다. 일본에 대한 관심이 집중되는 광복절과 런던올림픽 한-일 축구 대결을 코앞에 둔 시점을 택한 것을 보면, 국내 여론을 강하게 의식했음을 엿볼 수 있다.

(〈한겨레〉8월 10일자 사설)

이명박 대통령의 갑작스런 독도방문 소식에 트위터에서는 이 대통령이 내일 새벽에 열리는 올림픽 축구 한일전에 맞춰 자신의 지지율을 높이려는 의도라는 해석이 나오고 있다. (중략)또 다른 트위터 사용자(@Supersub******)는 "경제도, 4대강도, 지지율도 떨어지니 할 수 있는 것은 독도 방문뿐! 축구 한일전, 광복절 등을 맞이하여 새누리에 도움이 되고자 하는 꼼수가 아닌가 하는 생각이 드네요"라고 꼬집었다.

(〈한겨레〉8월 10일자)

<한겨레>에서 대통령의 독도 방문은 임기 말 친인척 비리와 레임 덕 현상을 탈피하고자 하는 인기 영합적 행위라고 강하게 비난하는 논조이며, 누리꾼들의 의견을 그대로 실어 광복절 전 지지율을 높이려는 꼼수라고 지적한다. 이와 같이 대통령의 독도 방문에 관한 신문사간 의견 차이는 뚜렷한 차이를 보이고 있다. 그럼 독도방문과 관련한 일본 신문의 보도 기사에 관한 특성을 살펴보자.

하지만 이번 대통령의 등을 떠민 것은 이러한 현안보다도 본인의 신변 문제 때문은 아닐까. 내년 2월 임기가 만료되기 전에 대통령 주변에서는 친형과 측근의 체포가 이어졌다. 경제격차의 확산에 대한 불만도 강하고 정권은 이미 힘을 잃고 있다. (중략) 내정이 어려울 때 위정자가 국민의 시선을 밖으로 돌리는 것은 역사에서도 흔한 일이다. 내셔널리즘을 부추기는 영토문제는 가장 좋은 재료이다. 하지만 이러한 분쟁의 씨를 자르는 것이야말로 지도자의 가장 큰 책무이다. 이 대통령은 이러한 지도자의 책무와는 정반대로 움직였다고 말하지 않을 수 없다.

(〈朝日新聞〉 8월 11일자 사설)

<아사히신문>은 MB의 독도방문이 내셔널리즘을 부추기는 영토문제이며 한국내의 경제문제와 정권의 힘을 회복하고 국민의 시선을 국외로 돌리기 위한 방책이라고 비난한다. <산케이신문>은 <아사히신문>보다 한층 강도를 높여 독도방문을 강경하게 비난한다.

한국의 이명박 대통령이 일본 고유의 영토인 시마네현, 다케시마에 일본정부의 중지요구를 무릅쓰고 상륙했다. 한일 신뢰관계의 근간을 부정하는 폭거라고 할 수밖에 없다. 노다수상은 '도저히 받아들일 수 없으며 극히 유감이다'고 말했다. 당연하다. 정부는 무토 주한대사를 즉시 귀국시키는 사실상 소환을 결정했지만 그것만으로 끝날 문제가 아니다. 일본의 영토주권을 명백하게 짓밟는 외국 수상의 행동에

대해 보다 강한 대항조치를 취할 필요가 있다. (중략)임기가 반년 정도 남은 이대통령은 친형인 전 국회의원과 측근이 금전 스캔들로 체포되는 등 정권의 구심력을 잃고 있다. 일본에 의한 통치로부터 해방을 축하하는 15일 광복절 전에 인기회복을 노리고 한일 우호관계를 희생한 것은 수치스러운 행위다.

(〈産経新聞〉8월 11일 사설)

<산케이신문>은 독도 방문이 양국의 신뢰관계를 부정하는 '폭거'라고 주장하며 '일본의 영토주권을 명백하게 짓밟는 행위'라고 묘사한다. 그러한 배경에는 측근비리와 정권의 구심력 약화에 따른 인기회복에 있으며 '수치스러운 행위'라고 폄하하고 있다.

<표8>은 'MB의 독도방문'에 대한 일본 신문의 제목 성향에 대해 분석한 결과이다. 그 결과 <아사히신문>과 <산케이신문> 모두 부정적인 성향의 제목 성향을 나타냈다. 긍정적인 성향의 제목은 한건도 없었으며 모두 부정적인 성향의 제목이었다. 'MB의 독도방문'에 관해 부정적으로 표현한 보도 용어는 다음과 같다.

〈표8〉 일본 신문의 '부정적' 제목 성향

	아사히신문 제목(9건)	산케이신문 제목(15건)
8.10	不快感(불쾌감)	人氣取り,外交放棄,愛國アピール (인기영합, 외교포기, 애국어필) 「極めて遺憾」('극히 유감) 「日韓關係に惡影響」 ('한일 관계에 악영향)
8.11	きしむ(삐걱거리는) 分別なき行い(분별없는 행동) 不意打ち (기습적) 「前代未聞の暴擧」 ('전대미문의 폭거) 「極めて遺憾」('극히 유감) すきを突いた(빈틈을 찌른)	日韓 ˈ氷河期に突入 (한일 빙하기로 돌입) すがる「愛國」(매달리는 '애국') 「友好關係に水差す」 ('우호관계에 물을 끼얹다) 「人氣取り」('인기영합) 暴擧 (폭거)

8.12	大國らしからぬ(대국답지 않은)	
8.14		不法占據 (불법점거) 「賣國奴の茶番劇」('매국노의 연극쇼')
8.15		「パフォーマンス」('퍼포먼스')
8.16	「ご亂心」(난심)	豹變 (표변) 反日の勳章 (반일의 훈장)

가장 진보적 성향이 짙은 <아사히신문>조차도 독도방문에 관해 '극히 유감', '기습적', '분별없는', '전대미문의 폭거', '대국답지 않은', '분별없는' 등의 공격적이고 비호의적인 보도 용어를 사용하고 있다. 우익성향을 대표하는 <산케이신문>은 더욱 강도를 높여 부정적이고 적대적인 용어로 보도하고 있는데, 8월 14일자 기사에서는 '매국노의 연극쇼'라는 원색적인 북한 기사를 그대로 인용하고 있다.

5. 일본 사설에 나타난 독도관련 기사 분석

1) 이대통령 독도방문에 관한 일본 사설(2012.8)

그럼 일본신문에 나타난 이명박 전 대통령의 독도방문에 대한 사설을 세밀하게 검증해 보는데, 다음은 일본의 주요 신문에 나타난 사설의 표제이다.

산케이신문
* 폭거 용서치 않는 대항조치를 취하라(11일자)
* (독도제소거부)한국은 왜 등을 돌리는가(23일자)

아사히신문
* 대통령의 분별없는 행위(11일자)
* (독도제소)대국적 견지에 선 한일관계를(23일자)

마이니치신문
* 깊은 가시를 어떻게 뽑을까(12일자)
* (영토외교)국제여론을 내편으로 만들라(21일자)

요미우리신문
* 한일관계를 악화시키는 폭거다(12일자)
* ("독도"제소로)일본 영유의 정당성을 발신하라(18일자)

닛케이신문
* 한국대통령 독도방문의 어리석음(12일자)
* 독도문제제소를 한국의 맹반성을 촉구할 기회로(22일자)

도쿄신문
* 한일 미래지향 깨뜨렸다(12일자)
* ("독도"국제제소)대립확대 피하는 인내를(18일자)

　　일본의 6개 신문이 모두 이명박 전 대통령의 독도방문에 대해 사설에서 심도 있게 다루었다. 먼저, <산케이신문>은 한국이 '반세기 이상 불법 점거한 일본 영토에 상륙강행한, 일본의 주권을 짓밟는 행동'이라면 여과 없는 분노를 표했다. <산케이신문>은 이대통령의 행동을 '한일 신뢰관계 근간을 부정하는 폭거'라고 단언하고, 노다 요시히코 정권이 '영토주권으로 단호한 자세를 보여주지 않으면 한국에 의한 독도 불법지배는 점차 강화된다'고 경종을 울렸다. 다른 신문은 '장래의 한일관계에 큰 화근을 남기는 어리석은 행동'(<닛케이신문>)이라는 비판 외에도, '대통령의 성급함에는, (위안부문제를 뒤집은 것에 더해)한층 실망을 금할 수 없다'(<요미우리신문>), '임기 태반은 좋은 관계를 쌓아온 만큼 실망감은 깊다'(<도쿄신문>)라고, 이 대통령에 건 기대가 배반당한 것을 강조하는 논조도 보였다.

독도문제로, 일본정부가 국제사법재판소(ICJ)에 공동제소를 제안한 것에 대해서는. <요미우리신문>이 '독도에 관한 일본 영유권의 정당성을 국제사회에 널리 알리고, 인지시키는 의의는 크다'고 논하는 등 6개 신문 모두가 지지하는 견해를 나타냈다. 그 중에서 <산케이신문>은 제소를 거부한 한국정부 자세에 주문을 붙였다. '"글로벌코리아"를 표방하는 한국이 영유권 정당성에 자신감이 있다면, 왜 국제적인 심판의 뜰에 등을 돌리는가'.

독도문제와는 별개로, 이대통령이 회합 석상에서 천황폐하를 언급하고 '한국을 방문하고 싶다면 돌아가신 독립운동가에게 사죄할 필요가 있다'고 사회를 요구한 것에 대해서는, <산케이>, <마이니치>, <요미우리>가 사설의 테마로 거론했다. <마이니치신문>은 '일본국민의 신경을 자극하는 발언을 주저하지 않는 현 상황은 너무 자극적이며 너무 위험하다'고 이대통령에게 강한 자제를 요구했다. <산케이신문>은 이대통령의 '폭언'에 대해서도, 신속하며 명확하게 발언 철회와 사죄를 요구하지 않은 노다정권에 대한 비판으로 들어갔다.

위안부문제로 일본에 사죄와 보상을 요구하는 한국의 주장에 이해를 표시하는 <아사히신문>은 경제와 과학기술 분야 대화를 그만두면 일본에도 불이익이 발생한다고, '대항조치와 대국적 견지에 선 외교를 현명하게 조직할 필요가 있다'고 지적했다. <닛케이신문>도 대항조치를 경제 분야까지 확대하는 것에 의문을 나타내고, '감정에 맡긴 과잉반응은 신중해야 한다'는 견해를 표시했다.

2) 아베 신조 총리와 독도문제에 관한 일본 사설
(2013.9.27.일자)

다음은 아베정권 수립이후, 한일관계 갈등의 정점에 있는 독도문제에 관한 일본신문들의 사설이다. 주요 표제를 살펴보면,

산케이신문
* '강한 일본' 재생책을 논하라/정권탈환에 반성 살릴수 있을까

아사히신문
* '불안 씻는 외교론을'

마이니치신문
* '낡은 자민'으로 회귀하지 말라

요미우리신문
* 정권탈환에의 정책력을 높여라/보수지향의 재등판 순풍으로

닛케이신문
* '아베 신총재는 "결정하는 정치"를 진행하라'

도쿄신문
* '표지를 바꾼 것만으로는'

일본신문들은 아베 총리는 내정, 외교, 경제 모두 지금까지 없었던 어려운 상황에 직면하고 있는데, 그 중에서도 센카쿠열도를 둘러싼 중국의 공격이나 독도, 북방영토문제에 대한 대처가 최대의 난제라고 지적하고 있다. <산케이신문>은 '근래 3년간 민주당정권의 불규칙한 움직임이 일본을 약체화시키고 오늘날의 국난을 초래했다'고

총괄한 뒤, '"강한 일본(強い日本)"을 구축해 나가는 것이야말로 아베 씨의 역사적 사명'이라 논했다. 또한 아베 씨가 헌법개정을 지론으로 해, 집단적 자위권 행사용인에 의한 일미동맹을 심화시킬 것을 주장하는 것에 대해서도 '금후 실행력이 요구된다'며 실현을 향한 강한 각오를 요구한다.

<요미우리신문>은 '중국에 강경 일변도의 자세로는 관계개선은 바랄 수 없다' 면서도 집단적 자위권 행사용인에 의한 일미동맹 강화나 헌법개정에의 착수, 소위 종군위안부문제에 대한 '고노담화' 재검토에 적극적인 아베 씨의 자세를 '모두 타당한 사고방식'이라고 평가하고 있다. <아사히신문>은 사설(9월 7일자)에서 아베 씨의 역사인식을 강한 어조로 비판했으며, 이번에도 역시 '반(反)아베' 색을 선명히 했다. 총재선거 결과도 '소위 소거법적인 선택'이라고 냉담했다. 아베 씨가 '고노담화' 재검토나 야스쿠니신사 참배에의 의욕을 보이는 것에는 '아베정권이 생겨나 이것들을 실행한다면 어떻게 될까. 큰 불안'이라고 반발을 표명했다. <마이니치신문> 또한 '고노담화'재검토에 대해 '고노담화에서 문제를 정치 결착시키려 한 과거의 진지한 노력을 업신여겨선 안 된다'며 견제했다.

3) 〈아사히신문〉의 오피니언 반응

노보루 세이치로(전 내각외정심의실장)은 아사히신문에서 일본의 영토문제에 대해 우리에게 시사적인 의견을 제시하고 있어 주목할 만하다('일본의 영토문제 강함과 부드러움 나누어 현실적 대응을', 나의 시점, 노보루 세이치로, 2013.1.18.자 기사). 그는 일본과 얽힌 북방영토와 독도, 센카쿠문제에 대해 각각 서로 상이한 대응을 해야 함을 주문하고 있는데, 예를 들면 북방영토에 관해서는, '2도(島)+알파'의 즉각 반환을 실현하고 평화조약은 미루고 남은 부분은 장래 교섭의 여지를 남기는 것이 바랄 수 있는 최선이라고 말한다. 그리고 센카쿠에 대해서는 일본이 전략적, 경제적으로 반드시 지켜야 할 지역이며 실효적 지배를 강화해 나갈 곳이라 강조한다. 이에 비해 독도에 관해서는 일본의 강경대응을 자제하고 일본의 주장을 동결시킬 필요가 있다고 주장한다. 한국과의 관계를 안정시켜 경제적 동반자로써의 한국을 의식하고 있는 발언이다. 이와 같이 러시아, 중국, 한국과 얽힌 영토문제에 대해 필자는 강경책과 유연책을 나누어 사용해야 함을 강조하고 있는데, 독도에 대해서는 유연한 대책으로 잠정합의하는 것이 일본의 장기적 국익이며 해결책이라 주장한다.

이와 같은 전 내각외정심의실장의 주장은 장래 한일관계 갈등 개선에 시사적이며 앞으로 독도문제에 관한 한국의 대응책 수립에도 도움을 줄만한 의견이 될 것이다.

6. 보수화되는 일본 언론

이와 같은 분석결과를 통해 알 수 있듯이 한국 신문과 일본 신문은 국가적 이익과 이념에 의해 서로 다른 보도틀을 제공함으로써 한일 양국민의 감정을 내셔널리즘적으로 몰아가는 양상을 보였다. 이러한 보도행태에 여과 없이 노출된 여론과 대중은 한일 상호간의 갈등과 반목을 부추겨 더욱 적대적인 정서를 고조시킬 수 있다. 한국은 독도문제 보도를 통해 여론의 지지와 인기를 얻기 위한 정치적 도구로 이용할 소지가 많으며 일본 또한 현재 사회적 분위기가 여느 때와 다르게 우경화현상으로 치닫고 있는 상황에서 현직 대통령의 독도 방문과 관련한 일련의 사태는 일본 국민의 감정을 분노케 하고 여론 몰이를 통해 한국에 대한 일본 정부의 강경 대응을 유도하기도 한다. 또한 공격적이고 부정적인 보도 행태는 한국에 대한 이미지를 부정적으로 형성시키는 역할을 하고 있음을 알 수 있다.

【참고문헌】

김정기(1991)「한국신문의 대일보도 성향에 관한 연구」『신문연구』51호
윤영철(1988)「한일 신문의 독도관련 분쟁보도의 비교분석」사회과학논집29호, p.102
이은주(2001)「역사교과서개정사건에 대한 한국과 일본 신문의 보도행태에 대한 비교연구」연세대 석사논문, p.23
최문희(1993)「국가이익의 변화에 따른 신문보도의 반영에 관한 연구」서강대 석사논문
한국언론진흥재단(2011)『2011신문산업실태조사』pp.154-155
팽원순(1989)『현대신문방송보도론』범우사, p.44
오모리 미츠루(2000)「신문사설을 통해 본 한국과 일본의 상호인식」한국외대 석사논문
다나카 아키코(2003)「한일 신문보도에 나타난 상호인식 차이에 관한 연구」성균관대 석사논문, p.10
야마모도 히게노리 저, 정탁영 역「자기 색깔 고집하는 일본 전국지」『바른언론』1996.9
http://www8.cao.go.jp/survey/h24/h24-gaiko/index.html (일본내각부검색)
Lippmann, W.(1922) Public Opinion, London : Free Press, pp. 18-19

제3장 일본 언론에 나타난 독도 영유권 문제 Q&A

(포항MBC 라디오 열린 세상, 2013.10.3 전화인터뷰)

Q1. '일본 언론에 나타난 독도 영유권 문제'로 주제 발표를 하셨는데, 특별히 일본 언론에 주목하신 이유가 있나요?

A - 2012년은 한일 간 갈등이 불거지며 정치·경제·문화 분야를 막론하고 한일 양국이 쌓였던 불만이 속출하면서, 유례없이 한일관계가 악화되었던 한 해였다. 2012년 10월 실시한 일본 내각부의 여론조사에 의하면, 여론조사가 시작된 이래, 최악의 한일관계 그리고 한국에 대한 부정적 이미지 또한 최고치를 나타냈다고 한다.

AA - 예를 들면, 일본 국민은 한국에 대해 한류나 K-POP같은 긍정적 이미지나 혹은 '영토분쟁'이나 '역사교과서 왜곡'문제 등으로 인한 부정적인 이미지를 가지고 되는데, 특히 부정적인 이미지는 미디어에 의해 주도된 정보에 의지해서 만들어진 부분이 대부분이다. 즉, 권력을 지닌 미디어에 의해 선택되고 편집된 콘텐츠가 대중들에게 전파되면, 그것이 '부정적 메시지'가 되어 대상에 대한 부정적 이미지를 형성하게 된다.

AAA - 이와 같이, 한일 간 상호인식에 있어 가장 중요한 역할을 하는 매스미디어의 영향력에 주목했다. 두 번째 이유로는, 일본은 세계 최고의 신문소비국가입니다. 따라서 주로 신문에 나타난 독도관련 보도양상이 어떠한지 살펴봄으로써, 일본 여론이 어떻게 형성이 되는지 이해할 수 있고, 앞으로의 한일 상호인식에 대한 개선책을 제안할 수 있지 않을까, 라는 생각에서 일본언론에 주목했다.

Q2. 사실 '독도'하면은 우리에게도 영토 이상의 의미가 있지요?

A - 그렇다. 한일 간의 갈등은 그 뿌리를 거슬러 올라가면 일제 제국주의의 침략과 일제강점기의 식민지 지배라는 지울 수 없는 역사적 상처에서 연유한다. 따라서 '독도문제'는 특히 한국인에게 '더 이상 빼앗길 수 없는 우리 영토', '다시 찾은 우리 조국'이라는 이미지로 각인되어 왔다고 볼 수 있다.

AA - 즉, 한국인들에게 독도문제는 정치, 경제적 이점을 획득하는 수단이라기보다는, 일본에 의해 '잃어버린' 36년 역사, 그리고 그 역사에 대한 일종의 '정서적 치유'처럼 연상되는 경향이 강한 것 같다.

Q3. 그런 점에서 일본은 어떤가요?

A - 독도문제는 지금까지 한일 양국간 정치적 이슈로 변하여 정치가의 정치노선이 바뀔 때 마다 변화·각색·미화되어 한일 국민들에게 보도되어 온 경향이 짙었다. 즉, 대중의 감정적 내셔널리즘(자민족 중심주의)을 자극하여 자국, 혹은 정권에 유리한 정치적 행위로 변질될 우려가 있는 것이다.

AA - 예를 들면, 작년 '아베 정권'이 집권할 때, 노다 민주당 정권이 자민당 정권에게 대패했는데, 패배의 주요한 원인 중의 한 가지가, <한중일 영토분쟁>에 대한 일본정부의 강경하지 못한 대응, 이러한 태도를 일본언론이 비판하고, 집중 보도함으로써 노다정권이 선거에서 패배했다고도 볼 수 있다. 이는 한국도 마찬가지다. 예를 들면, 일본 정치가의 망언발언을 확대보도하기도 하고 공론화하기도 하여 한국의 반일정서를 부추기기도 하는 현상이다.

AAA - 이와 같이 독도문제와 같은 영토분쟁에 관한 보도는, 국가적 이익이나 정치적 역학관계가 작용하게 되고, 갈등이 빚어졌을 때 자국의 이익을 대변하거나 정권의 이익을 대변하는 입장에 서게 된다.

Q4. 실제로 일본의 언론들은 독도에 대해 어떻게 보도를 하고 있습니까?

A - 언론이라 하면 우선 일간지 '신문'이 떠오른다. 일본은 신문대국으로 알려져 있다. 세계 제 2위의 신문 소비 국가이면서, 발행부수로 봤을 때 세계 4위까지(요미우리, 아사히, 마이니치, 닛케이)를 모두 보유하고 있는 신문대국이기도 하다.

AA - 그리고, 신문 이외에 미디어의 일종인 출판과 인터넷을 예로 들면, 일본은 '만화왕국'이라 일컬어질 정도로 다양한 만화가 출판되고 있습니다. 이 중에는 오락성을 중시한 만화외에도 다양한 지식과 정보를 제공하는 '정보만화'등이 있다. 그 중에 2005년부터 출판된 혐한을 테마로 한 <혐한류>라는 만화가 시리즈로 발행되기도 했다.

(이 만화의 주요한 내용은 독도문제나 역사교과서 왜곡 문제 등 민감한 역사적 사안에 대해 한국을 비판하는 논점을 취하고 있다), 일본 내에서 베스트셀러가 되기도 했다.

AAA - 그리고 인터넷에서는 1999년에 2채널(니찬네루)이라고 하는 익명의 인터넷 게시판이 개설되었다. 이것은 한국뿐만 아니라 중국이나 북한, 재일한국인 등, 소위 '반일국가'를 지정해 그러한 국가를 적대시하는 발언을 하거나 차별적인 언사를 일삼으면서, 한국에 대한 부정적인 시각의 형성하는 기능을 하고 있다고 볼 수 있다. 여기서도 독도문제는 가장 민감한 사안으로 취급되고 있고, 보수우익의 입장을 대변하는 극우주의 성향의 글이 많다는 특징이 있다.

AAAA - 이와 같이, 영토와 국가를 초월해서, 미디어를 통해 상대국을 비하하거나 자국 우월주의를 내세우는 형태의 새로운 민족주의를 '미디어 내셔널리즘'이라고 한다. 최근 이러한 현상이 두드러지고 있다. 예를 들면, "한일 간에 마찰이 발생했을 때 한일 양국의 미디어와 국민여론이 서로 상승작용을 일으켜 내셔널리즘을 증폭시키고, 이 같은 양상이 상대국에 대한 부정적 이미지를 형성한다"는 것이다. 특히 독도문제와 같은, 영토문제는 특별히 내셔널리즘적 성향이 없는 사람이라 하더라도 민감하게 반응하는 문제이기 때문에, 위에서 말씀드린 <신문이나, 만화, 인터넷>등의 언론을 통해, 일본의 보수화, 그리고 우경화 현상이 더욱 확산되고 재생산되는 양상을 보이고 있다고 볼 수 있다.

Q5. 일본 여론조사에 의하면 한국에 대한 부정적인 이미지도 최고치라고요?

A - 그렇다. 작년 말 일본 내각부에서 일본 국민을 대상으로 실시한 여론조사인데, '한국에 대한 친근감' 및 '한일관계 양호도 조사'를 했다.

AA - 조사결과, 이명박 정부 초기인 2008년부터 꾸준히 상승해온 '한국에 대한 친근감 정도'가 2012년 말, 정권말기에 이르면 갑자기 급락하여, 거의 전후 최저치라 할 수 있는 수치를 기록하고 있다.

AAA - 이와 마찬가지로, '한일관계 양호도 조사'에서도 '한일관계가 양호하다고 생각하는가'라는 질문에 대해, <그렇지 않다, 즉 양호하지 않다>는 비율이 약 80%정도를 차지했다. 이러한 조사결과는, 일본 내에서 한국에 대한 부정적 이미지가 급상승하고 있음을 시사하고 있다.

Q6. 작년이라면 이명박 전 대통령의 독도 방문을 빼놓을 수가 없는데요. 일본 여론도 대단했지요?

A - 그렇다. 당시 이명박 대통령의 독도방문은 우리나라 현직 대통령으로서는 헌정 사상 최초의 사건이었고, 이 사건을 기점으로 한일 양국 언론의 반응은 뜨거웠다.

AA - 대통령의 독도 방문 이후, 일본 언론들은 매일 방대한 양의 기사를 쏟아내며 한국의 독도방문의 배경을 탐색하고 살피는 것을 비롯해, 일본 정부의 대응이나 한국의 여론 등에도 촉각을 곤두세우게 된다. 이때 우익성향이 강한 신문일수록, 더욱 공격적이고 부정적인 행태의 보도를 하고 있다.

　AAA - 예를 들면, 독도방문 직후 일본 외교상의 유감표명과 주한 한일대사의 소환 등이 이어지고 8월 11일에는 런던 올림픽 한일 축구전에서 박종우 선수의 '독도는 우리 땅' 세리모니 논란까지 연달아 발생하기 때문이다. 여기에 더하여 8월 14일에는 다시 이명박 대통령의 일왕 사과 발언 요구까지 더해지면서 일본 우익단체의 반한시위로까지 번지게 된다.

　AAAA - 이러한 언론의 보도에 가세하여 일본 텔레비전 방송국도 배우 송일국 씨가 출연하는 드라마 방영을 무기한 연기하는 등 일반 대중들의 눈치를 살피는 상황으로 번지게 된다.

　AAAAA - 이처럼 정치보도가 단기간에 거대한 전파력을 가지고 일본의 일반 대중에게 확산되는 양상은 보기 드문 현상이라 할 수 있다. 일본 신문은 대통령의 독도 방문 다음으로 박종우 선수의 '독도 세리모니'에 큰 관심을 갖고 보도하고 있다. 이것은 독도 방문이라는 정치적 사안이 사회적 사안으로 전환되면서, 엄청난 전파력을 가지고 일반 대중의 핫이슈로 일시에 확산되는 양상을 띠게 되는 것을 의미한다. 그리고 보수우익성향이 강한 <산케이신문>에서 한국 신문보다 훨씬 더 많은 양의 기사를 싣고 여론을 반영하고 있는 현상이 보이는데, 이것은 현재 우경화현상이 심화되고 있는 일본의 사회

현상과도 깊은 관련이 있을 것이라 생각한다.

Q7. 이번 연구조사를 통해 전하고 우리가 상기할 점이라면 어떤 게 있을까요?

A - 이번 연구 결과에서 알 수 있듯이, 한국 신문이나 일본 신문 모두 국가적 이익과 정권의 이념에 따라 서로 다른 보도틀을 제공하고, 한일 양국민의 감정을 자극하여 내셔널리즘적으로 몰아가는 양상을 보였다.

AA - 이러한 보도행태에 여과 없이 노출된 여론과 대중은, 한일 상호간의 갈등과 불신을 부추겨, 더욱 부정적인 정서를 고조시켰다고 볼 수 있다. 따라서 언론은 '독도관련사안'(이 뿐만 아니라, 한일간 분쟁의 씨앗이 될 수 있는, 종군위안부문제나 역사교과서 왜곡문제도 마찬가지라 생각) 이러한 기사를 보도할 때는, 국가적 이념이나 정권의 정치적 역학관계에서 한발 물러나, 외교적 차원에서 좀 더 신중하고 냉정하게 접근할 필요가 있지 않은가 라는 생각을 한다.

제 2 부

MB의 독도방문 관련 일본 신문 기사 번역

제1장   아사히신문(朝日新聞) 주요 기사 번역
제2장   산케이신문(産経新聞) 주요 오피니언 번역
제3장   아사히신문(朝日新聞) 주요 오피니언 번역
제4장   요미우리신문(讀賣新聞) 주요 오피니언 번역
제5장   마이니치신문(毎日新聞) 주요 오피니언 번역

제1장 아사히신문(朝日新聞) 주요 기사 번역

1. MB의 독도방문 특집 기사(1)

2012. 8. 10. 특집
노다 수상, MB의 독도방문 '매우 유감' 표명

노다 수상은 10일 기자회견에서 한국의 이명박 대통령이 독도를 방문한 것에 대해 '독도가 역사적으로도 국제법상으로도 일본 고유의 영토라는 입장은 용납할 수 없으며 도저히 받아들일 수 없다'고 비난했다.

나아가 수상은 '이명박 대통령과는 상호 미래지향적인 한일관계를 만들기 위해 다양한 노력을 해 왔는데, 이러한 방문은 매우 유감이다'고 언급하며 불쾌감을 표명했다.

또한 '일본정부로서는 의연한 대응을 하지 않으면 안 된다. 오늘 그러한 일환으로 한국 측에게 겐바 고이치로 외상이 엄중한 항의를 했다. 그리고 항의 의사표시를 통해 무토 마사토시 주한대사를 본국으로 귀국시키기로 했다'고 설명했다.

2012. 8. 10. 일중, 한일관계
MB 독도방문으로 인해 일본각료들이 불쾌감 표명, 겐바외상 '의연히 대응'

한국의 이명박 대통령 독도 방문에 관하여 일본정부는 외교 루트를 통해 중지를 요청하고 있다. 방문을 강행한 경우, 일본 정부는 '의

연히 대응하지 않으면 안 된다'(겐바 고이치로 외상)며 엄중한 자세한 임할 방침이다.

외무성 사사에 겐이치로 사무 차관은 신각수 주일한국대사에게 대통령 독도방문 중지를 요청. 겐바 외상은 10일 오전, 국회 내 기자단에게 '일본의 입장과 충돌하므로 의연히 대응하지 않으면 안 된다'고 말했다. 겐바 씨는 '(한국 측으로부터) 정식으로 통보가 있었던 것은 아니다. 한국 측은 전화를 받지 않는 상황이다'고 지적하며 한국 측 대응에 불쾌감을 표했다.

모리모토 사토시 방위상은 같은 날 기자회견에서 '방위성, 자위대가 이 문제에 바로 어떻게든 대응한다는 것은 아니다'라고 하면서 '관계각처와 연계해 대응해 나갈 것이다'고 강조. 대통령의 방문 배경에 관해 '한국의 내정 관계상의 요청에 의한 것이라는 인상을 개인적으로 갖고 있다. 타국의 내정에 간섭하는 것은 절제해야 한다.'고 말했다.

한일의원연맹 부회장인 민주당의 나카이 히로시 중의원 예상위원장은 아사히신문 의 취재에 대해 '대통령 임기가 끝나고 대통령 선거 전이라는 시기에 이와 같은 행동을 취하는 것은 정말 화가 나는 일이다'고 말했다. 공명당 이노우에 간사장도 10일의 회견에서 '독도는 일본 고유의 영토다. 그 영토에 한국 대통령이 방문하는 것은 우리로서는 인정할 수 없다. 정부는 의연히 대응해야 한다.'고 말했다.

2012. 8. 10. 국제
MB 독도방문, 일본 정부는 중지 요구

(서울 10일 로이터)

한국 이명박 대통령이 한일양국이 영유권을 주장하고 있는 시마네현 독도를 10일 방문할 예정이라고 알렸다. 이에 대해 일본 정부는 한국에 대해 방문중지를 요구하고 있다.

현직 대통령이 독도를 방문하는 것은 처음이다. 이 대통령은 한국 울릉도를 방문할 예정이며 기후가 허락하면 독도에도 상륙할 것이라 한다. 한국 당국자는 대통령의 독도방문에 관해 독도에 존재하는 천연자원의 중요성을 강조하는 것이며 한일관계의 악화가 목적이 아니라고 말했다. 후지무라 관방장관은 오전 기자회견에서 이 대통령의 독도방문예정이 사실이라면 일본의 입장과 맞지 않는다며 '매우 유감이다'고 말했다.

2012. 8. 10. 일중 한일관계
MB독도방문으로 인해 일본 정부측은 日주한대사에 귀국 명령

한국 이명박 대통령이 독도를 방문한 문제로 겐바 코이치로 외상은 10일 오후, 신각수 주일한국대사를 외무성에 불러 '독도는 일본 고유의 영토이며 (대통령방문은)일본의 입장과 맞지 않는다. 왜 이 시기에 방문하는 것인가, 전혀 이해할 수 없다'고 강하게 항의했다.

겐바 씨는 그 후의 기자회견에서 일본정부로써 항의를 뜻을 표하기 위해 무토 마사토시(주한일본대사)를 10일중으로 일시 귀국시킬 것이라 발표. 무토 씨와 협의한 뒤에 앞으로의 항의조치를 취할 방침이라고 밝혔다.

2012. 8. 10. 일중 한일관계
청와대, MB의 독도방문 보도

청와대는 10일, 이명박 대통령이 한일이 영유권을 주장하고 있는 독도를 방문했다는 사실을 밝혔다. 독도에는 오후 2시전부터 약 1시간 20분 정도 체재하다가 독도를 떠났다.

2012. 8. 10. 국제 로이터 뉴스
한국대통령이 독도방문, 서울시민들의 의견은?

(서울 10일 로이터)
한국 이명박 대통령이 10일 한일 양국이 영유권을 주장하고 있는 시마네현 독도를 방문했다. 현직 대통령이 독도를 방문한 것은 최초.

한국 당국자는 대통령의 독도방문에 관해 독도부근에 존재하는 천연자원의 중요성을 강조하기 위한 것이며 한일관계의 악화가 목적이 아니라고 주장했다.

한편, 무토 오사무 관방장관은 오전 기자회견에서 이 대통령의 독도방문예정이 사실이라면 일본의 입장과 맞지 않는다고 말하며 '매우 유감이다'고 했다.

이 대통령의 독도방문에 대해 서울 시민 송기호 씨(28세)는 '우리의 영토이기 때문에 대통령 방문은 극히 자연스런 일이다. 타국이 이에 반대하는 의견을 말한다면 그것은 주권 침해다'고 방문을 지지.

또한 주원택 씨(33세)는 '대통령은 바른 일을 하고 있다. 단, 외교적인 시점에서 말한다면 일본이 경제적으로 어떤 행동을 취할 가능성도 있다'고 지적. 최우진(20세) 씨도 '영유권분쟁이 있는 독도에 대한 방문은 일본의 반발을 불러오게 된다. 양국 간의 외교관계가 악화되는 것은 뻔하다' 등의 신중한 의견도 있었다.

2012. 8. 10. 일중 한일관계
겐바 외상, 한국 외상에게 '독도방문은 용서할 수 없다'며 항의

겐바 외상이 10일 저녁 한국 김성환 외교통상부 장관과의 통화에서 한국의 이명박 대통령이 독도를 방문한 것에 관해 '독도는 역사적으로도 국제법상으로도 일본 고유의 영토라는 일본의 입장과 맞지 않으며 방문은 도저히 받아들일 수 없다'며 강하게 항의했다. 겐바 씨는 '대국적인 관점에서 한일관계의 어려운 문제를 해결해야 한다는 생각과는 완전히 역행하는 사건이며 왜 하필 이 시기에 방문한 것인지 정말 이해할 수 없다'고 비판했다.

2012. 8. 10. 일중 한일관계
독도상륙, 한국내의 반응은 냉담 '정치쇼'라는 지적도

이명박 대통령에 의한 전격적인 독도방문은 10일 한국에서도 톱뉴스로 보도되었다. 하지만 국민의 여론이 '한국 고유의 영토'라는 의견이 일치하여 쟁점이 되기 어려운 문제인 만큼 대통령 선거를 코앞에 둔 여야당의 반응은 모두 냉담. 국민으로부터도 '정치쇼'라는 지적이 있었다. 측근들 쪽에서 부정적인 의견이 연달아 터져 나와 국민적 인기가 떨어진 이대통령은 이미 여당 내에서도 구심력을 잃고 있으며 대통령선거 유력후보인 박근혜 씨는 직접적인 코멘트는 하지 않았다. 여당 관계자는 '(방문은)지지율이 최저인 상황에서 국면타개를 위한 것은 아닐까. 그리고 대통령선거에서 한일관계는 도움이 되지 않는다. 코멘트를 하면 당선 후 발언내용에 발이 묶일 뿐이다'고 말한다.

한편, 최대 여당인 민주통합당은 담화에서 '대통령이 일본의 영토를 방문하는 것은 있을 수 있는 일이다'라고 말하면서도 '(정치적인) 국면을 전환하기 위한 방문이라면 매우 어려운 문제에 부딪히게 된다'고 경고. 같은 당의 유력후보는 '이벤트 정치'(김두환 전 경상남도지사)라며 비판했다.

독도방문에 대해 한국에서는 '한국의 영토를 일본이 재침략하려고 하려 한다'는 견해가 압도적이며 정치적인 쟁점이 되기 어렵다. 따라서 인터넷 게시판에도 '역사적인 사건이다'는 평가가 있는 반면, '국민의 눈을 돌리기 위한 정치적인 쇼''대통령이라면 신중한 자세가 필요'하다는 냉담한 의견도 이어졌다.

시민단체 참여연대의 이태호 사무국장은 대통령선거에 미치는 영향에 관해 '일본과의 군사협력(군사정보 포괄보호협정)이든 위안부 문제이든 이명박 정권은 일관된 태도를 취하지 않았다. 이번 같은 이벤트 하나로 (선거결과가) 영향을 받는 일은 없다'고 말한다.

단 현직 대통령에 의한 방문 실현으로 여야당의 대통령선거 후보는 금후 선거전에서 '당선 후 독도에 갈 것인가'라는 질문을 받을 가능성이 있다. 역사인식 문제로 대일감정이 악화되는 와중에 각 후보 모두의 대답은 제한된다. 이번 방문은 차기 정권하에서의 한일관계에도 영향을 미칠 우려가 있다. (서울 中野晃)

2. MB의 독도방문 특집 기사(2)

2012. 8. 11. 조간
삐걱거리는 한일관계 외교·경제 정체 우려

한국 이명박 대통령의 독도방문은 금후 한일관계에 커다란 영향을 줄 것 같다. 북한에 대해서는 일정한 협력 자세를 표시해 온 외교기능 상실은 피할 수 없으며 일본의 대형투자를 통해 깊어졌던 경제관계에도 그림자를 드리울 가능성이 있다.

한일 외교는 전 일본 종군위안부 보상 문제에서 엇갈림을 보이면서도 올해 4월 미사일 발사 등 북한에 대한 대응에 관해서는 연계해 왔다. 9월에는 러시아 블라디보스토크에서 아시아태평양경제협력회의(APEC)가 있다. 하지만 여기에서 한일수뇌회담은 거의 불가능해졌다. 나아가 국제회의를 제외하고 수뇌가 상호 방문하는 '셔틀외교'는 작년 12월에 MB가 교토를 방문, 노다 수상이 방한할 차례가 되었지만 실현은 어려울 것 같다.

'정말 큰 악영향을 미치는 것은 틀림없다'. 에다노 경제산업상은 10일 회견에서 대통령에 의한 독도상륙의 충격으로 중단중인 한일 경제연계협정(EPA) 교섭 재개가 더욱 멀어질 우려를 표명했다.

통상교섭은 한 개의 교섭이 진행되면 불리한 입장에 놓이지 않으려고 다른 나라가 끌려오는 일이 많다. 단 그 반대의 경우도 있을 수 있다. 한일 EPA 정체가, 한중일이 연내 교섭개시에 동의한 자유무역협정(FTA)이나 일본과 유럽연합(EU)과의 EPA, 환태평양경제연계협정(TPP)교섭참가 등과도 연쇄될 우려도 있다.

최근 한일은 경제면에서 두터운 관계를 만들고 있었다. 한국지식경제부에 의하면 일본으로부터 한국으로의 투자는 2007년 9억9천 달러(약780억 엔)에서 2011년에는 22억 8천만 달러(약 1790억 달러)로 급증하고 있으며, 삼성전자 등의 수요를 전망한 공장입지가 이어진다. 동래 탄소섬유공장(구미시, 내년 1월 가동), 아사히카세의 대형 플랜트(울산시), 스미토모화학의 터치패널제조설비(금년3월, 서울 근교)등이다.

각사 모두 '현시점에서 영향은 없다'고 보지만 '문제가 악화되면 공장운영에도 영향이 올지 모른다'(대기업 소재 메이커)고 우려한다.

* 대일정책을 냉각시킬 우려

이명박 대통령에 의한 전격적인 독도방문에 대해 12월 대통령 선거를 앞둔 여야당 모두 10일, 표면적으로는 침착한 반응을 표시했다. 단 국민 여론이 '한국 고유의 영토'라고 일치하는 문제인 만큼 각 후보의 대일정책을 보다 강경한 태도로 냉각시킬 우려가 있다.

여당 새누리당은 10일 담화를 발표. '일본이 역사왜곡을 멈추지 않는 상황에서 대통령이 영토를 수호할 의사를 표시한 것은 중대한 의미가 있다.'고 했지만 극히 짧은 것이었다. 측근측에서 부정적인 반응이 이어지고 국민에게 인기가 떨어진 이대통령은 이미 여당 내에서도 구심력을 잃고 있다. 여당 대통령 유력후보인 박근혜 씨는 직접 코멘트는 하지 않았다. 작년 이후 전시중의 일본군 위안부나 징용문제가 부상할 때마다 부친인 박정희 정권하에서 이루어진 1965년 한일국교정상화가 문제시되었다. 독도문제도 당연 외면되었다.

야당 측 유력후보는 즉시 이날 '독도를 둘러싼 박 전 대통령의 발언'을 비판. 박근혜 진영은 '사실무근'이라고 부정했다. 여당관계자는 '(박씨가 독도문제로)코멘트를 하면 발언 내용에 묶여 버린다'고 말한다.

한편, 최대 야당인 민주통합당은 '대통령이 우리의 영토를 방문하는 것은 있을 수 있는 일이다' 면서도 '한일관계에의 파문을 충분히 고려한 방문이라면 괜찮지만 (정치적인)국면을 전환하기 위해서라면 정말 어려운 문제에 봉착하게 된다'고 경고했다.

위안부문제 등의 대응을 둘러싸고 야당 측은 이 대통령의 대응을 '저자세'라고 비판해 왔다. 그만큼 이번 이 대통령의 방문이 향후 정권창출에 무거운 짐을 지울수 있다. 야당 유력후보중 한명인 김두관 전 경상남도 지사는 담화에서 '국민이 바라는 것은 방문이라는 일시적인 이벤트가 아니다. 진실로 독도를 수호할 수 있는 대통령이 될 것을 약속하는 것이다'고 말했다.

현직 대통령의 방문으로 여야당 대통령 후보도 '독도에 갈 것인가?'라는 질문을 받을 가능성이 있지만 역사인식의 문제로 대일감정이 악화되는 와중에 각 후보 모두 대답은 제한된다. 이번 방문은 다음 정권하에서의 한일관계에도 영향을 미칠 수 있다.

* 메울 수 없는 견해의 차이

독도에 대해 일본정부는 '일본 고유의 영토이며 한국은 불법점거하고 있다'라는 입장이다. 한편, 한국은 '한국 고유의 영토이며 영유권 분쟁은 존재하지 않는다'고 주장. 역사인식도 얽혀있어 견해의 차는 메울 수 없는 상황이다.

한국에서 보수파, 진보파 모두 '한국의 영토'라는 의견에서 일치하는 독도문제는 지금까지 때때로 정권의 부양책으로 이용당했다. 한일이 밀월관계를 유지한 군인출신정권이 끝나고 최초의 문민출신인 김영삼 대통령은 정권 말기 1997년 독도로의 접암시설을 건설. 시설과 섬을 연결하는 진입로에는 대통령 직필의 '대한민국 동단의 땅'이라는 문자를 새긴 기념비를 세웠다.

시마네현이 섬의 귀속을 고시하고 나서 100년이 되는 2005년, 현의회에서 성립한 '다케시마의 날' 조례에 대해서는 당시 노무현 대통령이 '과거의 침략을 정당화하고 한국 해방을 부인하는 행위'라고 강하게 반발했다. '식민지정책 정당화에 단호히 대처한다' 는 대일정책 신원칙이 발표되어 한일 자치체와 학교 등의 교류 중지가 이어졌다.

이명박 정권 발족 후 2008년에는 일본 중학교 신학습지도요령 해설서에서 독도가 영토라는 것에 대한 이해를 심화시킨다는 내용이 담겨 있어 문제가 재연됐다. 일본이 방위백서나 외교청서에서 '다케시마'라고 명기할 때마다 한국 정부는 항의해 왔지만, 대통령 자신은 일본의 식민지 지배로부터 해방을 축하하는 8월 15일 연설 등에서도 독도문제를 언급하는 것을 피해왔다. 그만큼 한국 내에서도 '정치쇼'라고 지적하는 소리가 높아졌다.

'독도관리사무소'에 의하면, 섬에는 현재 주민 2명 외에도 약 40명의 경비대원들이 주류하고 있다. 근해 약 1킬로미터에 떠오를 예정인

'해양과학기지' 구조물 준비가 진행되고 있다.

* 독도와 한일관계를 둘러싼 주요 움직임

1905년 시마네현으로의 편입을 각의 결정
1910년 일본에 의한 한국병합. 독도는 병합이전부터 일본령으로, 행정구역상은 조선총독부 관할로 이동하지 않음
1945년 일본 패전. 식민지배 종결
1946년 연합군총사령부(GHQ)지령으로 독도 등에 대한 일본 행정권을 정지
1952년 한국이 독도를 둘러싸는 형태로 공해상에 '이승만 라인' 설정
1954년 한국은 무장요원 상주를 개시
1965년 한일 국교 정상화. '분쟁해결에 관한 교섭공문'을 교환했지만 한국은 독도문제는 대상이 되지 않는다고 주장
1999년 신한일어업협정 발효. 독도 영유권 문제를 회피하기 위해 잠정수역 설정
2005년 시마네현 의회에서 '다케시마의 날'조례성립
2008년 2월 이명박 정권 발족
2008년 5월 일본이 중학교 학습지도요령 해설서에서 독도를 명기. 한국 국무총리가 독도 첫 방문.
2011년 6월 대한항공기가 독도 상공 데모플라이트 실시
2011년 8월 독도에 가까운 울릉도 시찰목적으로 방한한 자민당 국회의원들 한국이 입국거부. 한국 헌법재판소가 전 일본군

위안부 보상을 둘러싸고 한국정부가 해결노력을 보이지 않고 위헌으로 결정.
- 2011년 12월 서울 일본대사관 앞에 전 위안부를 지원하는 시민단체가 소녀상을 설치. 한일수뇌회담에서 이대통령이 위안부 문제 해결 요구.
- 2012년 6월 한일군사정보포괄보호협정(GSOMIA)체결이 한국 사정으로 연기.
- 2012년 7월 일본이 방위백서에서 독도를 고유 영토라고 8년 연속 명기한 사실에 한국이 항의.

2011. 8. 11. 조간 총합
노다 수상日 재임 중에는 야스쿠니 참배하지 않겠다.

노다 수상은 10일 기자회견에서 재임 중에는 야스쿠니신사에 공시참배하지 않겠다는 의향을 표명했다. 한편, 하타 유이치로 국토교통상이나 마츠바라 국가공안위원장은 기자회견에서 15일 종전기념일에 참배할 의향을 표명했다. 민주당정권 각료가 종전기념일에 참배하는 것은 처음. 수상은 '작년 9월 내각 발족시에 총리대신, 각료는 공시참배는 자제한다는 방침을 정했다'고 지적. '방침에 따라 나 자신도 각료도 따라줄 것이라 생각한다'고 말했다.

하타 씨는 각의 후 기자회견에서 '부친(하타 전 수상)에게 이끌려 어린 시절부터 참배하고 있으며 사적으로 참배하고 싶다'고 설명. '공식참배는 자제하지만 사적인 일. 공용차를 이용할 생각은 없다'고 언급했다. 마츠바라 씨도 '매년 8월 15일에 참배하고 있으며 금년에도 적절하다고 판단해 가고 싶다'고 말했다.

민주당 야당시절, 야스쿠니 신사에 A급 전범이 합사되어 있다는 이유로 고이즈미 수상 등의 참배를 강하게 비판. 2009년 9월 정권교체 후에는 종전기념일이나 춘추 예대제에 수상이나 현직각료가 참배하는 일은 없었다.

오카다 부총리는 10일 기자회견에서 '기본적으로 A급 전범을 합사한 야스쿠니 신사에 각료가 가는 것은 적절치 못하다'고 지적. 각료가 종전기념일에 참배하면 독도나 센카쿠열도 문제로 악화된 한일, 중일관계에 영향을 미칠 가능성도 있다.

2012. 8. 11. 총합
MB의 독도방문에 따른 전대미문의 폭거에 여야당이 반발, 방위상 '타국의 내정'발언

한국 이명박 대통령의 독도상륙에 여야당은 '전대미문의 폭거'라고 일제히 반발했다. 한편 모리모토 방위상은 '타국의 내정에 이래라 저래라 코멘트 하는 것은 자제해야 한다'고 발언. 이 발언을 자민당이 문제시하여 문책결의안을 내기로 검토에 들어갔다. 노다 정권은 내외모두 불씨를 끌어안았다.

★ 방위상 '타국 내정'발언 자민, 문책안 제출도

'매우 유감. 한일 전략적인 중요성을 현저하게 훼손하는 것은 틀림없다'. 자민당의 마에바라 정조회장은 10일 국회 내에서 기자단에 대통령의 독도상륙이 한일관계에 심각한 충격을 준다는 인식을 표명했다. 초당파 '국가주의와 국익을 지키기 위해 행동하는 의련'의 공동 좌장을 맡은 민주당의 하라구치 전 총무상은 회견에서 '모든 국회의원이 한국 비행기 타는 것을 자숙하도록 요구하고 싶다'고 호소했다.

반발은 야당에서도 확산됐다. 자민당의 다니가키 총재는 기자단에 '한일관계를 개선하려는 과거의 노력을 크게 부정한다'고 비판. '국민 생활이 제일 우선'의 히가시 간사장은 회견에서 '일본 정부는 대항적인 수단을 통해 의연한 태도를 취해야 한다'고 말했다.

단, 야당의 화살 끝은 민주당정권의 외교수완을 겨냥한다. 자민당의 '영토에 관한 특명위원회'는 항의성명에서 '독도를 불법점거라고 말하지 못하고 잘못된 메시지를 발신해온 결과가 이번 사태다'고 지적. '민나노당'의 와타나베 대표 또한 회견에서 '민주당 정권은 저자세라는 인상을 준 결과가 이번에 돌아왔다'고 언급했다.

야당의 정권비판을 더욱 부채질한 것은 10일 오전 각의 후 회견에서 '타국의 내정'이라고 말한 모리모토 방위상의 발언이다. 야당 각 당은 '독도는 일본영토이며 내정간섭이 아니다'(후쿠시마 사민당 당수)라고 하며 국회에서 추궁할 태세다.

이러한 움직임에 모리모토 씨는 10일 오후, 기자단에게 '어떻게 이 시기에 대통령이 방문했는가, 아마 한국의 내정상 요청이 있었을 것이라는 추측을 말씀드린 것이다'고 해명.

노다 수상도 저녁 기자회견에서 '진의가 전해지지 않은 부분은 분명하게 설명해서 오해를 풀고 싶다'며 감쌌다.

하지만 다니가키 씨는 기자단에게 '국회에서 진의를 확인하고 싶다. 처음 말한 것이 진실이라면 문책당할 만하다'고 표명. 공산당의 시이 위원장도 회견에서 '정말 상식이 없는 발언'이라고 단언했다.

2012. 8. 11. 총합
독도상륙, 기습적 대일강경노선에 MB주위 지일파 사라져

한국 이명박 대통령이 10일 독도상륙이라는 써서는 안 될 수를 썼다. 지금까지 자제해 온 최고 권력자가 일선을 넘은 사건에 대해 아닌 밤중에 홍두깨 식이라며 일본 정부는 강하게 항의, 주한대사를 소환했다. 한일 관계는 악화일로이며 민주당정권은 또 하나의 난제를 끌어안았다.

이 대통령은 독도상륙 직전에 들른 울릉도에서 '취임 당시부터 독도에 오려고 생각했는데 이룰 수 없었다'고 밝혔다. 대통령은 취임 이후, 미래지향적 한일관계를 강조해왔다. '강경하게 일본을 비판한 연설문안 중, 일본 부분만을 찢어버린 경우도 있었다'고 할 정도였다(측근). 청와대 고관에 의하면, 독도방문은 9일 오전 이 대통령 자신이 결정했으며, '외교통상부 의견은 일체 묻지 않았다'고 한다.

독도를 방문해야 한다는 강경론을 증폭시킨 것은 작년 말 한일수뇌회담을 결렬시킨 구 일본군 종군위안부 문제였다. 하지만 일본 측은 '법적으로 이미 해결이 끝났다'고 요청에 응하지 않고 있다.

대통령 측근은 '법적인 해결이 아니라 일본이 피해자의 마음을 누그러뜨려 주면 된다고 대통령은 지금도 생각하고 있다. 왜 그것을 못하는가, 라는 불신감을 키웠다'고 말한다.

나아가, 지일파가 대통령 주위에서 차례차례 모습을 지웠다. 지난

달 일본정부와 긴밀하게 연락을 취해 왔던 김태효·대외전략기획관이 한일방위협력에 얽혀 사임했으며, 대일정책을 대통령에게 조언할 수 있는 측근이 한명도 남아있지 않다. 대통령과의 접촉이 늘어난 것은 국내정치 담당자들이다. 거기에는 이미 독도방문을 건의해 온 자도 포함된다.

또한 한일의원 연맹회장을 맡았던 친형이 대통령 주위에서 체포된 사건도 영향을 미친다. 일찍이 대일정책을 조언한 관계자는 '독도방문으로 지지율이 높아지지 않는 사실은 대통령도 알고 있다. 뒤따르는 불상사에 국민의 눈길을 돌리고 싶다는 생각이 없었다고는 할 수 없다'고 지적한다.

* 일본 정부는 강하게 항의. 수상 주위에 외교 위기감

일본 정부에게 있어 '예상 밖'의 사태였다. 정부고관은 10일 아침 '대통령이 상륙하다니 생각지 못했다'고 말을 흘렸다.

일본 측이 대통령의 움직임을 눈치 챈 것은 9일 저녁. 외무성 간부는 반신반의하며 확인작업에 들어갔다. 하지만 무토 주한대상 등이 서울 청와대나 외교통상부에 문의해도, 전화를 받지 않는 정부고관도 있었다. 양국의 '소통부재 상태'를 드러낸 것이다.

근래 1년 정도 양국의 긴장상태가 이어져 왔다. 작년 3월, 중학교 교과서 검정결과로 독도에 관한 기술이 늘어난 사실에 한국 측이 반발. 12월 수뇌회담에서는 위안부 문제로 관계가 악화되어 금년 1월에는 독도문제를 언급한 겐바 외상의 외교연설에 한국 측이 항의. 6월에는 한일 군사정보 포괄보호협정(GSOMIA)이 한국 국내의 반발로 서명 직전에 연기되었다.

그런 와중의 독도방문인 만큼 일본 정부는 보다 강경한 자세를 표명할 필요가 있다고 판단했다.

겐바 씨는 10일 오후, 외무성에 신각수 주일 한국대사를 불러 항의. 무토 대사를 일시 귀국시킴과 동시에 '상응하는 조치'(겐바 씨)를 취하겠다고 전했다. 그리고 같은 날 저녁 김성환 외교통상부 장관에게 전화해, '금후 일어나는 모든 사태는 모두 한국에 기인한다'고 경고했다.

단, 일본 정부 내에는 '영토문제는 중요하지만 한일관계의 일부에 지나지 않는다. 결정적으로 악화시키고 싶지 않다'(고관)는 의견도 강하다. 외무성은 항의하면서도 빼도 박도 못하는 상황이 되는 것은 피하고 싶은 것이다. 구심력이 저하되는 노다 수상에게 있어서는 새로운 외교문제를 안게 된 것이다.

오키나와·센카쿠 열도의 국유화 방침으로 중국과 대립. 러시아 메드베데프 수상의 북방영토문제로 러일관계도 악화, 미국과의 관계도 신형수송기 오스프레이의 오키나와 배치로 갈등이 있다. 수상 주변에는 '독도방문은 완전히 약점이 잡힌 일이다'고 위기감을 증폭시켰다.

이러한 상황에 자민당의 다니가키 총재는 10일, 기자단에게 '민주당정권의 외교 기본자세가 보이지 않기 때문에 이러한 멸시를 받고 있다'고 비판을 가했다.

* 회피하지 말고 서로 마주볼 때

여름휴가를 맞아 서울 번화가는 일본 관광객의 왕래가 많아졌다. 시민 간의 교류는 깊어지고 있는데, 한일 양 정부 관계는 냉각되어 '표류'하고 있다.

심각한 것은 외교 당국자의 관계가 소원해 진 것이다. 한국 외교통상부 내에서 일본어 연수 희망자는 급속하게 감소하여 작년에는 대사관 직원에 결원이 생기기 시작했다. 한 외교관은 '일본 정부의 카운터 파트는 식사에 몇 번 초대해도 오지 않는다'고 한탄한다. 이미 문제가 일어날 때마다 분주한 의원연맹도 충분히 기능을 발휘하지 못한다. 상대국에 대한 정보부족과 무관심이 참담한 결과를 초래해 버렸다.

이명박 대통령 측근은 '지금도 대통령은 골수까지 친일이다'고 말한다. 그런 지일파에 의한 독도방문은 일본에게 '절연장'을 내밀었을 뿐 아니라, 스스로 지금까지 대일정책을 부정하는 일이 될지도 모른다.

방문동기가 무엇이든 한국과 일본 앞에는 더욱 험난한 길이 기다리고 있다. 하지만 그래도 한국과 일본은 이후에도 이웃나라로 있어야만 한다.

한일 간에 걸쳐진 문제는 독도문제 뿐만이 아니다. 관계를 일시에 악화시키는 것은 구 일본군 위안부 구제문제였다. 어떤 현안에 대해서도 양 정부는 해결을 향한 본격적인 대화를 하지 않고 있다. 회피한 채로는 한일 모두 어떤 정권이 들어서든 불행한 역사가 되풀이 될 것이다. '마이너스(負)' 연쇄를 끊어버리기 위해 무엇이 필요한가. 쌍방이 진지하게 마주볼 때가 왔다.

2012. 8. 11. 외보
미 국무성, 한일 양국에 자제 요구, 한국 대통령의 독도 방문

한국 이명박 대통령이 독도를 방문한 것에 관해, 미 국무성의 보도담당자는 10일, 아사히신문 취재에 '한일 양국은 지금까지 자제하며 대처해 왔으며 이후에도 그러기를 기대하다'고 말했다. 독도 영유권에 대해서는 '미 정부는 과거 수십 년 특정 입장은 취하지 않는다'고 하는 한편, '한일이 이 문제로 어떤 합의를 한다면 그 결과를 환영한다'고 양국의 양보를 촉구했다.

2012. 8. 11. 석간 총합
사법재판소에 제소검토, 한국 대통령의 독도 상륙문제로 겐바 외상 표명

겐바 외상은 11일 오전, 한국 이명박 대통령이 시마네현의 독도에 상륙한 사실을 듣고 영유권문제를 해결하기 위해 독도사법재판소(ICJ) 제소를 검토할 것을 표명했다. 일본 정부가 ICJ제소를 한국 측에 제안한 것은 1962년 이후 50년만이다.

겐바 씨는 같은 날 아침, 일시 귀국한 무토 주한대사와 외무성에서 협의. 이후 기자단 질문에 대답했다.

ICJ에서 분쟁해결 수속이 시작되려면 당사국 쌍방의 동의가 필요하다. 한국정부가 응할지는 불투명하지만 겐바 씨는 '일본의 주장을 보다 명확히 하기 위해 (독도문제를)국제사회에 확실히 인지시킨다'고 설명. 영토문제 존재를 국제사회에 알려야 할 의의가 있다고 했다.

일본 정부는 독도문제로 54년과 62년에도 ICJ 제소를 제안했지만 한국 측이 거부. 그 후에는 한일관계에 대한 배려에서 제안을 미뤄왔다. 겐바 씨는 '이번 대통령 방문으로 배려는 필요 없게 되었다'라며 '한국은 글로벌 코리아를 표방하고 있다. 당연히 응해야 한다'고 견제했다.

또한 겐바 씨는 영토문제에 대한 정부의 근본적인 체제정비를 검토할 것을 표명했다. 독도문제뿐만 아니라 북방영토를 포함해 조직을 개편할 것을 상정, 노다 수상도 양해하고 있다고 한다.

무토 대사는 대통령의 독도상륙 소식에 '항의 의사'(노다 수상)를 표명하기 위해 10일밤 일시귀국. 한국으로의 귀국시기에 관해 겐바 씨는 '한국 측의 대응도 포함해 상황을 보면서 검토하겠다'고 말하는 데 그쳤다.

* '제소불응' 한국 고관

일본 정부가 독도영유권문제의 국제사법재판소(ICJ) 제소를 검토하고 있다는 소식에 대해, 한국 외교통상부 고관은 11일, '독도는 한국고유의 영토이며, 분쟁지역이 아니라는 것이 기본입장이다. 제소되어도 받아들이지 않을 것이다'고 했다.

한편, 위의 고관은 '이후에도 미래지향적인 한일관계를 지속시켜 나갈 것을 정부 내에서 확인했다'고 말해 금후 한일관계 악화에 대한 강한 우려를 나타냈다. 청와대의 설명으로는 독도방문은 9일 오전에 이명박 대통령 자신이 결단했다고 한다. 다른 한국정부 간부는 11일, '결정 과정에서 외교통상부 의견은 묻지 않았다'고 말했다.

* 한국 미디어는 강경자세를 지지

한국 이명박 대통령이 독도를 방문한 사실에 대해 한국의 각 신문은 11일 1면에서 대대적으로 보도했다. 한일 쌍방에 냉정한 대응을 요구하는 논조도 일부 있지만, 거의 대부분의 미디어가 방문을 지지, 한국정부로 하여금 일본에 대한 강경한 태도를 요구하고 있다.

'목숨을 걸어서라도 지켜야만 한다, 독도는 틀림없는 한국 영토다.' 동아일보는 이 대통령이 독도에서 언급한 내용을 1면 헤드라인으로 올리고, 사설에서는 '일본 정부의 반발에 흔들림 없이 냉정하게 상황을 파악하라'고 한국정부를 고무시켰다.

중앙일보는 이 대통령의 방문은 '일본이 스스로 초래한 결과'라는 제목의 사설에서 '일본은 하루빨리 독도에 대한 허망한 욕심을 버려야 한다'고 주장. 한국정부에는 '독도가 한국 영토라는 사실을 모든 수단을 강구해 밝혀야 한다'고 주문했다.

한편, 한겨레는 '독도문제를 포함한 역사문제는 하루아침에 해결될 수 없으며 한일 관계의 전부가 아니다'며 장기적인 관점에 선 냉정한 대응을 요구했다.

3. MB의 독도방문 특집 기사(3)

2012. 8. 12. 조간 외보
한국 박근혜 후보, 조선일보 질문에 '독도방문 검토 할 수 있다'

이명박 대통령의 독도방문 소식에 한국의 조선일보는 차기 대통령 출마를 표명한 후보들에 대해 당선 후 독도를 방문할 것인가를 질문했다. 여당 새누리당의 공인이 유력시되고 있는 박근혜 후보는 '국익을 위해서라면 검토할 수 있다'고 답했다. 박근혜 후보는 '대통령이 되면 무엇이 국익에 도움이 되는가를 냉정하고 합리적으로 판단하여 영토주권을 확실히 지켜 나갈 것 이다'고 말했다.

일본 정부 내에서 차기대통령 후보 중에서는 박근혜 후보가 가장 일본에 우호적이라는 견해가 있었던 만큼, 회답은 파문을 일으킬 것 같다. 한국에서도 차기 대통령은 한일관계가 악화될 때마다 독도를 방문할지도 모른다는 지적이 나오고 있다.

최대야당, 민주통합당 김두관 후보는 '독도에 갈 수 있다', '주권과 영토 문제는 단호히 대응하지 않으면 안 된다'고 대답했다. 같은 민주당 내에서 현재 가장 지지율이 높은 문재인 후보는 보도관을 통해 '독도에 갈 것인가 말 것인가 하는 것은 현 단계에서 말하기 적절치 않다'고 했다.

2011. 8. 12. 조간 사회
런던 올림픽 축구, 한국 선수가 '독도영유'플랜카드, 내걸다

국제올림픽위원회(IOC)의 아담스 홍보부장은 11일, 한일전이 있었던 10일 남자 축구 3위 결정전 시합 후에 한국 선수가 독도 영유권을 주장한 종이를 들어 올렸다며 조사에 나설 것을 결정했다.

스포츠서울(전자판) 등의 한국 미디어가 시합후에 박종우 선수가 '독도는 우리땅'이라는 한국어로 쓰인 종이를 머리위로 들어올린 사진을 게재하여 알려졌다. 이 종이는 시합중 축구장에 응원하러 온 한국 서포터가 들고 있었다. 아담스 홍보부장은 '나는 한국어를 모르기 때문에 나중에 다시 한 번 사진을 보고 대응을 검토하겠다. 정치와 올림픽은 서로 맞지 않는다'며 박 선수를 11일 저녁 표창식에 출석시키지 말 것을 한국올림픽위원회에 요청했다. 올림픽헌장은 올림픽시설이나 시합회장에서의 정치적 메시지를 포함한 선전활동을 금지하고 있다.

2012. 8. 12 조간 총합
독도문제, 물러나지 않는 한일
일본, 국제사법 재판소에 제소검토

노다 정권은 11일, 시마네현 독도의 영유권문제를 해결하기 위해 국제사법재판소(ICJ) 제소를 검토했다. 한국의 이명박 대통령이 독도를 방문 한 것에 대한 대항조치라고 겐바 외상이 표명했다. 한일쌍방이 '카드'를 들이밀며 한발도 양보하지 않는 상황이 되었다.

'확실히 일본의 주장을 국제사회에 알릴 필요가 있다'. 겐바 외상은 11일, 외무성내 무토 주한대사 등과 대응을 협의한 후, ICJ 제소 검토에 대해 기자단에 설명했다.

'ICJ제소'는 독도문제를 해결하는 카드다. 외무성 간부는 '심리가 진행되면 반드시 이길 수 있다'고 자신감을 보이지만, 실제 ICJ 분쟁해결수속에 들어가기 위해서는 당사국 쌍방의 합의가 필요. 일본 정부 내에서도 한국정부가 응할 가능성은 낮다는 견해가 대세다.

그래도 경제발전을 이루어 주요국의 일원이 된 한국이 카드를 꺼내어 국제사회의 눈을 의식해 동요할 것이라 보고 있다. 외무성 정무 3역중 1인은 '(제소는) 한국이 가장 싫어하는 수'라고 지적한다. 일본 정부는 과거에 2번, 독도문제로 ICJ 카드를 꺼냈다. 1954년은 문서로, 62년 한일외상회담 때에는 고사카 외상이 최덕신 외교부 장관에게 제안했다. 모두 거부되었고 심리는 실현되지 않았다.

그 후, 일본정부는 65년 한일국교정상화를 사이에 두고 50년에 걸쳐 이 카드를 봉인해 왔다. 교과서나 백서 등이 독도문제를 언급해 한국 측이 반발할 때마다 양호한 한일관계 유지를 위해 배려했기 때문이다.

하지만 10일 이 대통령의 방문에 의해 '배려는 필요없게 됐다'(겐바 씨). 역대 대통령으로서 최초의 행동인 만큼 외무성 간부는 '데드라인을 넘었다'고 말했다. 겐바 씨는 11일, 이렇게 도발했다. '한국은 글로벌 코리아를 표방하고 있다. 당연히 응해야 한다'

＊ '상정 내 움직임' 한국 불응 자세

한국 정부 당국자는 11일, 일본이 ICJ 제소 검토에 대해 한숨 섞인 얘기를 한다. '한국이 동의하지 않을 것임은 다름 아닌 일본이 가장 잘 알고 있을 것이다'

한국 정부는 일관해서 독도를 분쟁지역으로 인정하지 않으며, 최근에는 근해에 해양과학기지 건설계획을 세우는 등 실효지배를 차근차근 진행시키고 있다.

한국정부나 미디어는 한국이 거부할 것을 알면서도 일본이 제소 움직임을 보여주는 목적은 국제사회에 독도가 분쟁지역임을 알리는 것 자체에 목적이 있다고 불쾌감을 나타낸다.

이 당국자는 '제소에 불응하는 것은 명예로운 일은 아니지만 분쟁이 존재하지 않는 장소에 제소는 없다'고 일축했다.

한일은 1965년 국교정상화 때에 분쟁해결을 위한 교환문서를 교환했다. 하지만 한국은 독도문제가 대상이 되지 않는다고 주장. 여기에서의 조정협의도 '쌍방의 동의가 필요'하며 한국은 불응할 방침이다.

다른 정부당국자는 'ICJ는 상정 내 움직임이지만 일본이 어떤 구체적인 행동을 동반할 대응을 한다면 사태는 보다 복잡해진다'고 경계심을 높였다.

＊ '재판으로 해결' 하겠다는 주장

<시마다 와세다 명예교수(국제법)의 이야기>

영토문제는 국제사법재판소(ICJ)에서 해결하는 것이 최근 세계적

흐름이 되고 있다. 일본이 1954년과 62년에 ICJ 제소를 제안했을 때, 한국은 국제연합에 가맹하지 않았었다. 91년에 한국도 가맹했으므로 국련헌장에 근거해 분쟁은 사법적으로 평화적으로 해결할 의무를 가지고 있다. 한국이 응하지 않아도 재판에서 해결할 자세를 지속하는 것으로 일본은 입장을 고수할 수 있다.

4. MB의 독도방문 특집 기사(4)

2012. 8. 13. 외보
센카쿠 영유권 주장, 항의선이 센카쿠 열도를 향해 홍콩을 출항

　센카쿠열도 영유권을 주장하는 홍콩의 민간단체 '홍콩보약 행동위원회' 어선이 12일, 센카쿠 열도를 향해 홍콩을 출발했다. 출항 전 기자회견에서 동위원회 1인은 '한국의 대통령은 독도를 방문했다. 중국도 행동을 취해야만 한다'고 말했다.

　홍콩정부는 항의선 센카쿠 열도행을 2009년 이후 6번 제지해 왔다. 동위원회에 의하면, 이번에는 어선이 공해에 나올 때, 수상경찰 경비정에서 경찰관 4인이 승선했지만 어선 멤버가 귀항을 거부하자 그대로 하선했다. 어선은 오후 8시(일본시간 오후9시)현재, 공해상을 항해중이며, 경유지인 대만을 향하고 있다고 한다.

2012. 8. 13. 사회
런던 올림픽 '독도 영유' 세레모니 한국의 박선수, IOC에서 메달 여부 검토

　한일전이 있었던 10일 남자 축구 3위 결정전 시합 후, 시마네현 독도에 대해 한국의 박종우 선수가 '독도는 우리 땅'이라고 한국어로 쓰인 종이를 들어 올린 문제로, 국제올림픽위원회(IOC) 로게 회장은 12일, 국제축구연맹(FIFA) 대응을 기다리며, 박 선수의 동메달 거취를 결정할 방침을 밝혔다.

IOC는 11일에 실시된 시상식에 박 선수가 출석하지 말 것을 한국 측에 요청했다. 박 선수는 시상식에 모습을 보이지 않았고 이름도 불리지 않았다. FIFA는 성명을 발표해 박 선수의 징계수속을 개시하였으며 박 선추 측에 16일까지 회답을 요구할 것이라 밝혔다.

2012. 8. 13. 외보
한국여당 보도관 일본 정부를 '도둑'이라 비판

한국 이명박 대통령의 독도상륙에 대해 일본 정부는 영유권문제 해결을 위해 국제사법재판소 제소를 검토하겠다고 표명한 것에 관해, 한국의 여당 새누리당의 홍일표 보도관은 12일, '도둑이 뻔뻔하다'고 비판했다.

홍 씨는 또한 '식민지지배를 반성하기는커녕 독도 영유권을 주장해, (역사)교과서를 왜곡하는 등 (일본의)태도가 한국 국민을 분노케 한다'고 말했다.

2012. 8. 13. 올림픽
(컬럼) '올림픽 정신' 한국에 조언을

유감스럽다고밖에 할 말이 없다. 남자 축구 3위 결정전 종료 후, 한국의 박종우 선수가 독도 영유권을 주장하는 종이를 들어 올린 문제다. 올림픽 헌장은 시합회장에서의 정치적 선전활동은 인정하지 않으며 국제올림픽위원회(IOC)가 조사하고 있다. 영국신문 인디펜던

트는 '올림픽 가치로 세계를 하나로 만들려는 런던의 빛나는 의도가 흐려졌다'고 개최국의 유감스러움을 표시했다.

현실의 분쟁이나 대립은 차치하고 같은 경기에 열중하는 동료로서 올림픽 깃발 아래에서 겨룬다. 이것이 올림픽 정신이며 히틀러에게 이용되어 미국, 소련의 보이콧을 경험한 IOC가 취할 '어른의 대응'이다. 그곳에 '일본의 영토인데'라든가 '한국의 영토니까'라는 당사자 논의가 끼어들 여지는 없다.

한국 신문에 의하면, 팀 내에서 시합 때 독도에 관한 행동을 기획하고 있었는데 결국 박 씨 이외는 하지 않았다고 한다. 한 발 더 움직여 '어른의 대응'을 취할 수는 없었을까. 올해는 금메달 13개로 세계 5위, 2018년에는 평창 동계 올림픽을 개최하는데 축구 동메달을 따도 스포츠계 존경을 잃어버린 것처럼 보인다.

일본은 IOC 대응을 지켜볼 태세다. 하지만 아시아의 친구로서 '올림픽정신'에 관해 어드바이스 할 수 있을 것이다.

2012. 8. 13. 석간 총합
한국 이 대통령 일본의 독도 대응에 '이해불가' 표명

한국의 이명박 대통령의 독도방문을 둘러싸고 일본정부가 영유권 문제해결을 위해 국제사법재판소(ICJ) 제소 검토에 대해, 이 대통령이 '이해할 수 없다'고 13일 한국의 동아일보가 보도했다.

동아일보에 의하면, 이 대통령은 독도를 방문한 10일 밤에 동행자들과 함께 저녁식사를 하는 자리에서 '대통령으로서 한국 영토를 방문한 것은 일종의 지역순시'라며 일본정부의 비판에 대해 '이해할 수 없다'고 반발. 나아가 '일본이 ICJ 제소 가능성을 논의하는 것은 이해할 수 없다'고 말했다.

이 대통령은 또한 '일본을 필요이상으로 자극할 생각은 없지만 일본 정부는 일전에 과거문제에 너무 성의가 없었다'고 방문 배경을 설명. 이 대통령이 일본군 위안부문제를 거론한 작년 12월 한일수뇌회담에 대해서도 언급하며 '노다 수상은 성의가 없었다. 회담 후에도 일본정부의 조치는 전혀 없었다. 유감스럽다'라고 말했다고 한다.

2012. 8. 13. 석간 총합
한국 국방성, 독도 방위훈련 다음달로 연기

한국 국방성은 13일, 이번 달 중순에 예정했던 독도 방위훈련을 9월로 연기할 것이라 밝혔다. 8월 20일부터 월말까지 실시될 한미합동군사훈련 '을지 프리덤 가디언스'에 집중하기 위해서다. 위 훈련은 연 2회 실시되며 연기 이유에 대해 관계자는 '이명박 대통령의 독도 방문과는 무관'하다고 밝혔다.

5. MB의 독도방문 특집 기사(5)

2012. 8. 14. 조간 총합
(天声人語)런던 올림픽 끝나다

약간의 쓸쓸함과 기분 좋은 피로를 남기며 올림픽이 끝났다. 일본 선수단의 메달은 과거 최다인 38개. 이것으로 그들은 중압과 수면 부족에서 해방된다.

▼아체리로 은메달을 딴 후루카와 선수(28세)는 메달에 대한 중압감을 이렇게 표현했다. '어깨에 걸린 것이 지금, 머리에 걸려 있습니다'. 쌓아 올린 노력, 주위의 기대, 모든 것이 양어깨에 가득 실려 있었던 것이리라. ▼일장기를 등에 짊어졌다고 말한다. 나라를 대표하는 프라이드를 어깨에서 머리로 바꿀 수 있는 자는 얼마 없다. 생각만으로는 아무것도 되지 않는 것이 육체다. 한편, 단거리 3종목을 연패한 볼트 선수를 보면, 절대적인 실력이라는 것도 인정하지 않을 수 없다. 인간에 대한 흥미는 끝이 없다. ▼스포츠 제전에 물을 끼얹는 사건도 있었다. 남자 축구에서 일본을 이긴 한국의 한 선수가 '독도는 우리 땅'이라는 종이를 들어올린 건이다. 대통령의 독도방문에 호응한 내셔널리즘은 정치를 끌어들이지 않는다는 올림픽정신과 어긋난다. ▼국제사회 현실을 앞에 두고 올림픽의 방침은 형세가 좋지 않다. '지구촌 운동회' 사이에도 시리아 내전은 격렬함을 더했다. 그래도 인간의 능력을 믿고, 평화의 존귀함을 상호 인식하는 여름 축제가

4년마다 있는 것은 나쁘지 않다. ▼다음 성화가 리오 하늘에 밝혀질 무렵, 세계는 조금은 앞으로 나아가고 있을까. 한국과 일본이 잘 해 나갈 수 있을까. 이것도 그것도 모두 인간의 육체가 아니라 마음 하나에 달려 있다. 예를 들면, 100미터에서 9초5를 끊는 것보다 훨씬 더 쉬울 것이다.

2012. 8. 14. 조간 사회
런던 올림픽 축구 종목에서 독도 영유권 플랜카드를 든 한국의 박종우 선수, 병역면제자격 상실 가능성

런던 올림픽에서 정치적 행동을 취해 메달 박탈의 가능성이 있는 한국 축구 대표 박종우 선수가 병역면제 자격을 상실할 위기에 놓였다.

박 선수는 일본전에서 승리한 후, 독도 영유권을 주장하는 종이를 들고 달려, 올림픽 헌장위반 혐의로 국제올림픽위원회가 조사에 나섰다. 한국 정부는 메달리스트의 병역을 면제한다. 단, 병역이 면제되는 것은 시합에 출전한 선수만인데, 한국대표 홍명보 감독은 일본전 종료 직전에 지금까지 한 번도 출장하지 않았던 선수를 기용했다.

일본 축구협회의 다이진 회장은 13일, 박 선수가 메시지를 들어 올린 문제로 13일부로 한국협회로부터 사죄문을 받았다고 밝혔다.

2012. 8. 14. 조간 총합
한국 대통령 '독도방문 동기는 위안부문제'

한국의 이명박 대통령은 13일, 국회의원들을 초대한 오찬에서 '일본이 마음만 있다면 (일본군 위안부 문제는) 해결할 수 있는데, 내정을 위해 소극적이어서 행동으로 보여줄 필요를 느꼈다'고 말하며, 독도방문을 결단한 배경에 위안부문제가 있었다고 청와대 대변인이 밝혔다.

이 대통령은 작년 말 한일수뇌회담에서 위안부문제에 관해 장기간 노다 수상을 설득했다고 설명. 방문은 '3년 전부터 준비하고 있었다. 작년에는 날씨가 좋지 않아 갈 수 없었다'고 말했다. '국제사회에서의 일본의 영향력은 예전 같지 않다'라고도 말했다.

한편, 일본 정부가 국제사법재판소 제소를 검토하는 등 대항조치를 취할 자세를 보이고 있기 때문에 한국 정부 내에서는 외교통상부를 중심으로 사태의 조기 진정화를 도모할 움직임이 부상하고 있다. 독도 근해에 건설계획이 있던 해양과학기기에 대해 한국정부 당국자는 '일본 측이 순시선을 보내는 등 물리적인 행위에 나서지 않는 한, 계획을 중단하지 않는다'고 말했다.

일본이 제소해도 한국 측은 응하지 않을 생각이지만, 한국 전문가로부터도 계속 거부하면 한국이 불리해 질 우려가 있다는 지적도 나오고 있다.

2012. 8. 14. 석간 총합
북한의 비난 '한국 대통령, 친일 감추기 위해 독도 방문했다'

북한은 한국 이명박 대통령의 독도방문에 대해, '친일 매국노의 정체를 감추기 위한 정치극에 불과하다'고 단언하며 일본의 대응에 대해서도 '히스테리'라고 비판했다.

조선중앙통신에 의하면, 북한의 조국통일 민주주의전선은 13일, 한국이 일본과 군사적인 결탁을 강화하고 있다고 이 대통령을 비난한 뒤, 독도방문에 대해 '화난 민심을 완화시키고 위기를 벗어나기 위한 정치극에 불과하다'고 했다.

북한의 웹사이트 '우리 민족동지'는 같은 날, '일본은 극우 반동들이 히스테리를 부리며 광기를 발동하고 있다'고 일본 측 대응을 비판. 조선중앙통신도 일본의 국제사법재판소(ICJ) 제소 검토에 관해, '독도강탈'을 위한 '뻔뻔한 추태'라고 비난했다.

2012. 8. 14. 석간 총합
한국 각료, 영유권 플랜카드 들어 올린 선수 '병역면제 방향으로' 발언

런던 올림픽 축구 남자 3위 결정전에서 한일 전후, 한국의 박종우 선수가 독도 영유권을 주장하는 메시지를 주장한 문제로, 최광식 문화체육관광부 장관은 메달수상자가 대상이 되는 병역문제에는 지장이 없다는 생각을 표시했다. 13일 밤 최씨의 텔레비전 발언이라고 연합 뉴스가 전했다.

최 씨는 '병역 등의 문제는 국제올림픽위원회의 결정과는 관계없는 국내법 문제'라고 말했다고 한다.

6. MB의 독도방문 특집 기사(6)

2012. 8. 15. 조간 사회
올림픽 축구 독도게시문제에 대해 한국측, '일본에 사죄하지 않았다'고 부정

런던 올림픽 축구 한일전 후에 한국 선수가 독도 영유권을 주장하는 메시지를 게시한 문제로, 한국 축구 협회는 14일, '(일본 측에) 사죄는 하지 않았다'는 코멘트를 발표했다. 하지만 일본 축구협회는 사죄문을 받았다고 한다.

이 문제에 대해, 국제 올림픽 위원회(IOC)가 올림픽 헌장위반 혐의로 조사하고 있으며 메달박탈의 가능성을 지적하고 있다. 한국 축구협회는 일본 측에 문서를 보냈다는 것은 인정하면서, '정치적인 의도나 계획성은 없었던 우발적인 행동'이라 설명. 유감의 뜻을 표명한 것에 불과하다고 했다.

IOC 로게 회장은 한국 신문에, 메시지를 게시한 박종우 선수의 행동은 '명확한 정치적 표현으로 간주해야 한다'고 말하고 있다.

한국에서는 올림픽 메달리스트는 병역을 면제받기 때문에 박 선수에게 적용이 되는지 주목받고 있다. 한국의 최광식 문화체육관광부 장관은 13일 밤, 박 선수도 병역면제에는 지장이 없다는 생각을 표명했다.

2012. 8. 15. 조간 총합
'일왕이 진심어린 마음으로 사과한다면 오시오' 방한을 둘러싼 이 대통령 발언

한국 이명박 대통령은 14일, '(일왕은)한국을 방문하고 싶어 했는데, 독립운동으로 돌아가신 분들을 방문해 마음으로 사과한다면 오시오라고 (일본 측에)말했다'고 했다. 청와대에 의하면, 현직 대통령이 공식석상에서 일왕의 방한조건으로 사죄를 요구한 것은 처음.

이 대통령은 10일 한국대통령으로서는 처음 한일이 함께 영유권을 주장하고 있는 독도를 방문해 그 후에도 대일비판발언을 계속하고 있다. 하지만 일왕 사죄까지 언급함으로 일본 측의 반발은 한층 높아질 것은 뻔하다.

청와대에 의하면, 충청북도·청원에서 열린 교원대상 세미나에서 출석자로부터 독도방문 소감에 대한 질문에 이렇게 대답했다.

이 대통령은 1990년 당시 노태우 대통령이 방일했을 때 일왕이 '일본에 의해 초래된 불행한 시기에 한국 사람들이 느꼈던 고통을 생각하면 나는 통석의 념을 금할 길이 없습니다'라는 발언을 언급하며 '통석의 념'라는 말 하나 가져오지 않는다면 (한국에)올 필요는 없다고 말했다.

독도방문이나 일련의 일본비판을 계속하는 이유에 대해 '일본이 가해자와 피해자 입장을 잘 이해하지 못한다면 알게 하겠다'고 답했다.

또한 독도방문은 '2,3년 전부터 생각하고 있었다. 즉흥적이 아니라 깊이 생각하고 부작용이 있다는 것도 검토했다'고 말하며 일본과의 관계악화를 각오한 언동이었다는 사실을 밝혔다.

■ 수상 주변에서는 '뜻밖의 발언'이라는 반응

겐바 외상은 14일, 한국 이명박 대통령의 발언에 관해 '보도는 알고 있었지만 (보고를) 일절 듣지 못했다'고 말하는데 그쳤다.

외무성 간부는 '개인적인 생각을 말한 것은 아닌가?'라고 불쾌감을 나타내며 대통령의 독도방문으로 일시에 악화된 한일관계에 대한 영향을 우려했다. 수상 주위에는 '한일 사이에 일왕폐하의 방한에 관해 주고받은 얘기가 없기 때문에 뜻밖이다. 비난 응수는 하고 싶지 않다'고 당혹감을 보였다.

한편, 아베 수상은 아사히신문 취재에 대해 '일국의 리더 발언으로서는 너무 무례하다. 대통령은 친일적이라 생각했던 만큼 어떻게 된 일인지 모르겠다'고 비판했다.

■ 태도돌변, 설득력 상실

<<해설>>

독도방문은 물론 이명박 대통령의 그 후의 일본비판도 역대 대통령의 레벨을 훨씬 뛰어넘는다. 일본에 대한 실망감이 배경에 있는 것은 틀림없지만 국가원수로서의 품격을 잃어버린 정도다.

이 대통령은 14일, '진심어린 사죄 없이 일왕은 한국은 방문할 필요가 없다'고 말했다. 하지만 실제로 취임 초기부터 미래지향적인 한일관계를 상징하는 '인기상품'으로써 일왕방한 실현을 일본에 유도해 왔다.

한국 정부가 일왕 방한을 권유한 것은 1984년 전두환 대통령의 방일로 거슬러 올라간다. 이 정권은 일본과의 관계를 강화한다면 어떤 정권도 이룰 수 없었던 방한을 실현할 수 있다고 의욕을 불태워 그 시기를 한일병합 100년이 되는 2010년으로 설정했다. 하지만 일본 측은 반일감정이 남아있는 한국 방문을 연기했다.

이 대통령은 요 며칠 일본이 가해자의식이 희박하다고 반복해 지적하고 스스로의 언동을 정당화하고 있다. 그러나 왜 태도를 표변했는가, 설득력 있는 이유는 들리지 않는다.

오는 15일, 식민지 지배로부터의 해방을 축하하는 '광복절'을 맞이하는 한국. 그럼 국민이 단결하여 대통령의 변화를 절찬하고 있는가 하면 그렇지도 않다. 민주화가 이뤄지고 가치관이 다양화된 한국에서는 '반일카드'도 옛날만큼은 효과가 없다.

2012. 8. 15. 석간 총합
한국 이 대통령, 광복절 연설에서 독도 언급 없이 위안부문제 대응 요구

한국 이명박 대통령은 15일, 일본 식민지 지배로부터의 해방을 축하하는 '광복절'을 맞아 서울에서 연설했다. 구 일본군 종군위안부문제에 관해 일본 정부의 '책임 있는 조치를 요구한다'고 말했지만 이 대통령이 10일에 방문한 독도에 대해서는 언급하지 않았다.

이 대통령은 한국 대통령으로서는 최초로 독도를 방문한 이후, 역사문제로 일본을 강하게 비판하는 발언을 계속하여 왔기 때문에 특히 이 날 연설이 주목받았다.

이 대통령은 연설에서 일본을 '체제적인 가치를 공유하는 우방이며, 미래를 함께 열어가야 하는 중요한 동반자'라고 말하는 한편, 한일간 역사문제가 양국뿐만 아니라 동북아시아 미래를 향한 발걸음을 늦추고 있다고 지적했다.

그리고 일본군 위안부문제에 관해 '양국 차원을 넘어 전시 여성의 인권문제로써 인류의 보편적인 가치와 바른 역사에 반하는 행위'라며 일본정부에 대응을 요구했다.

이 대통령은 연설의 대부분을 경제문제에 할애했다. 남북관계도 언급, '북한도 현실을 직시하고 핵문제에서 국제연합 안전보장이사회 결의 등의 국제적인 의무를 지킨다면 국제사회와 함께 적극적으로 협력해 나갈 의향이 있다'고 김정은 체제에 변화를 호소했다.

◆ 대일비판 자제

<<해설>>

한국 이명박 대통령은 독립기념일 식전에서는 연일 계속하던 격렬한 일본비판을 자제했다. 단, 과거 4년간의 연설과 비교해 깊이 파고든 내용이다. 특히 위안부문제에 관해 처음으로 언급, 이후에도 일본측에 구체적이고 지속적인 조치를 요구하겠다는 자세를 표명했다.

이 대통령이 갑자기 일본에 대한 비판을 강화시킨 계기가 위안부문제였다는 견해는 대통령 주변에서 일치한다.

작년 말 교토에서 열린 한일수뇌회담. 청와대 당국자에 의하면 소수인원이 만난 전날 만찬에서 이 대통령은 노다 수상에 대해 여성 인권문제의 중요성을 간절하게 설득했다.

하지만 일본 측으로부터 돌아온 것은 경제협력에 대한 조기체결

뿐. 또한 일본 측이 언급한 독도문제가, 수뇌회담에서 위안부문제를 거론한 것에 대한 보복으로 한국 측에 비치며, '대통령은 노했다'(한국정부 당국자).

단, 독도방문에 더해 일왕 사죄요구로 받아들여지는 발언까지 나와 한국 정부 내에서도 '돌이킬 수 없는 사태가 될지 모른다'는 불안한 소리가 흘러나오기 시작했다. 대통령 측근은 14일 밤, '(독도방문이라고 하는)행동을 보이고 강하게 말했다. 광복절 연설에서 일부러 말할 필요는 없다'고 의도적으로 억제함을 시사했다.

7. MB의 독도방문 특집 기사(7)

2012. 8. 15. 석간 총합
마츠바라 장관, 한국 대통령 비판 '무례한 발언'

마츠바라 국가공안 위원장은 15일, 한국 이명박 대통령의 독도방문과 일왕 방한 조건으로서의 사죄요구에 대해 '일국의 최고 지도자로서 적절한 행동은 아니다. 이번 발언도 무례한 발언'이라고 비판했다.

2012. 8. 16. 조간 총합
한국 이 대통령의 광복절 연설 '위안부 문제는 인권문제다' 주장

15일 아침, 2명의 한국 학생이 독도까지 횡단 수영했다. 식민지 해방을 축하하는 '광복절'에 맞추어 한류 드라마 '주몽'의 주연배우, 송일국 씨 등 연예인과 학생이 220킬로를 릴레이 수영한다는 기획.

약 49시간이 걸린 달성은 텔레비전에서 크게 보도되었다.

학생들의 상륙 3시간 후, 서울 세종문화회관에서는 이명박 대통령이 임기 마지막 연설에서 처음으로 전 일본 위안부문제를 언급했다. '특히 일본군 위안부 피해자 문제는 양국의 차원을 넘어 전시 여성의 인권문제로서 인류의 보편적 가치와 역사에 어긋나는 행위다' 청와대 간부에 의하면, 대통령으로서 마지막이 되는 이번 연설을, 약 1개월에 걸쳐 거의 스스로 완성했다고 한다. 집필 중에 독도방문이나 일본비판 발언은 했지만 연설에서는 최대한 자제했다는 견해가 주위에서 흘러나오고 있다.

작년 여름 헌법재판소 결정에 대해, 한국 정부는 일본 측에 전 위안부 보상 문제 협의를 요청했지만 일본정부는 1965년 한일 청구권 협정에서 법적인 해결은 끝났다고 주장했다.

그 때문에 이 대통령은 위안부문제를 한일협정의 틀을 벗어난 인도적 문제로 위치 정립함으로써 일본의 유연한 대응을 끌어내려고 했다. 한국정부 당국자는 '양국 정부에서 협정에 대한 해석론만 얘기하면 끝이 없다. 세계적 가치관에 물어보는 것이다'고 말한다. 단, 한국정부 내에서도 이 문제에 대한 '해결'을 둘러싼 해석은 다르다. 대통령은 지금까지 '법적이 아닌 인도적 배려를'이라고 말해왔다. 측근은 '전 위안부를 위로할 말을 걸어주는 정도'라고 설명한다.

이 문제에 대해, 외교통상부는 헌법재판소의 결정에 근거한 정부 간의 교섭을 서두른다. 외교통상부 간부는 무너져 가는 정권을 두려워하지 않고 '대통령은 아무것도 모른 채 말만'이라고 잘라 말한다.

일본 정부는 인도적 배려에 대한 구체적인 방안을 수면 하에서 제안했지만 외교통상부 벽을 넘을 수 없었다. 일이 진전되지 않으면서 대통령의 대일불신이 깊어져갔다.

한국 정부 내에서는 대통령의 일왕관련 발언이 한국을 강경론으로 몰아갈지도 모른다는 우려가 퍼졌다. 외교통상부는 국제사법재판소 제소뿐만 아니라, 일본 측이 취할 수 있는 모든 가능성을 상정하고 준비를 하고 있다.

2012. 8. 16. 조간 총합
BS일본텔레비전과 BS재팬, 한국 드라마 방송연기

BS일본텔레비전과 BS재팬은 15일, 21일 방송예정이었던 한국 드라마 '신이라 불린 남자'와 '강력반'방송을 연기한다고 발표했다. 주연 배우인 송일국 씨가 독도에 수영해서 상륙했기 때문이다. 이후 방송은 미정이라 한다.

2012. 8. 16. 조간 총합
미츠이스미토모 카드, 한국 여행자용 카드 발행 연기

미츠이스미토모 카드는 15일, 한국에 여행하는 일본인용으로 기획했던 새로운 카드 발행을 연기한다고 발표했다. 연계한 한국카드회사와 22일에 서울시내에서 기자 발표할 계획이었는데, 이것도 연기한다.

한국 대통령의 독도방문을 고려해, '이번 서비스를 시작하는 것은 적절치 못하다' (홍보실)고 판단했다고 한다. 기자발표회에는 일본에서도 인기가 높았던 한국인 배우들이 출석할 계획이었다.

2012. 8. 16. 총합
(天聲人語) 한국 대통령 '난심(亂心)'

'폐하, 난심(미침)'이라고 한다. 폭주를 시작한 권력자는 감당할 수 없어 국민과 주변국에 피해를 준다. 주위에는 북한의 '김 왕조'가 일례인데, 같은 뿌리인 한국에서 이명박 대통령의 언동이 이상하다.

▼독도에 상륙한 것에 이어 일왕폐하의 방한을 둘러싸고 '방한하고 싶다면 독립 운동한 희생자에게 진심으로 사과하는 것이 좋다'고 말했다고 한다. 처음부터 방한을 요청한 것은 본인이다. '오고 싶으면 사죄하라' 는 싸움을 거는 것과 같다. ▼대통령은 과거 문제에서 일본 측에 성의가 없다고 '난심'을 정당화하지만, 어떨까. 지지율은 20%로 내려갔다고 한다. 한국 내에서도 해가 지는 위정자가 일본비판으로 대중인기를 노렸다는 견해가 있다. ▼친일, 미래지향적인 톱이 표변했다고 해서 국민이 반일로 굳어지는 것은 아니다. '폐하'는 반년이면 떠날 몸이다. 여기선 냉정하게, 그렇다고 저자세로 굽히지도 말고 상대와는 다른 '어른스런 대응'으로 임하고 싶다. ▼어제 광복절에는 배우들이 본토에서 독도까지 수영해 오는 쇼도 있었다. 불법 점거하는 김에 다 하고 싶은 것이다. 한편, 일본이 실효지배하고 있는 센카쿠열도(중국명 : 다오위댜오)에는 중국령이라고 주장하는 홍콩배가 들이닥쳐 14명이 오키나와현경에게 체포되었다. 음울한 애기지만 마음을 다잡고 국내법으로 대처할 수밖에 없다. ▼일본 영해, 파도가 높다. 이렇게 되면 자위대 상주라든가 핵무장으로 뜨거워진다면 언젠가 걸어왔던 길을 상기시킨다. 어떤 때라도 국민과 미디어가 '제정신'을 지킨다면 길을 크게 틀리지는 않는다. 수백만 생명과 맞바꿔, 일본이 배운 한 가지다.

2012. 8. 16. 조간 사회
일본 축구협회 한국측에 '독도 게시문제 유감' 문서 송부

런던올림픽 축구 남자 3위 결정전에서 대전한 일본과 한국의 시합

후에 한국 선수가 독도 영유권을 주장한 플랜카드를 들어 올린 문제에 관해 일본 축구 협회는 14일부로 한국 축구협회에 '퍼포먼스는 유감'이라는 문서를 보냈다.

다이진 회장은 '한국 축구협회는 지금까지 좋은 관계를 쌓아왔고 앞으로도 함께 노력할 것이라는 취지의 편지를 보냈다. 이후에도 국제축구협회(FIFA)가 철저히 조사할 것'이라고 말했다.

2012. 8. 16. 조간 외보
이 대통령 연설에서 '북한 정책 성과' 강조

한국 이명박 전 대통령은 15일 식민지지배에서 독립한 기념일 연설에서, 경제개혁을 향한 움직임을 보이는 북한의 변화를 환영했다. 그러나 일본정부와 29일 협의하기로 합의하는 등 대화노선 중심을 이동하는 북한은, 한국에 대한 강경한 대응을 바꾸지 않아 남북관계 개선에 대한 전망은 보이지 않는다.

이 대통령은 연설에서 '이제 북한도 현실을 직시하고 변화를 모색해야 하는 상황'이라고 말했다. 김정은 제1서기 신체제로 바뀐 북한이 중국과의 공동개발사업 확대에 합의했으며 자국 농업개혁의 움직임을 보이고 있는 것에 대해, 이정권의 북한 정책 '성과'라고 강조했다.

한일 적십자협의가 시작되는 전날인 8일, 한국 적십자사는 극비리에 이산가족 상봉사업을 호소하는 통지문을 북한 적십자사회에 보냈다. 통지문은 17일 북한 개성이나 한국 부산에서 실무협의를 개최할 것을 제안. 한국정부는 북한이 응할 것인가 주목하고 있었다.

하지만 북한은 9일, 상봉사업을 진행시키고 싶다면 재작년 한국 천안함 침몰사건 후에 한국정부가 취한 북한제재조치를 해제할 것과 금강산관광 재개가 조건이라고 회답해 제안을 사실상 일축했다.

이 대통령의 독도방문 또한 '서푼의 가치도 없는 정치쇼'라고 깎아 내리며 부드러워질 기미가 보이지 않는다.

2012년 조간 총합
(뉴스를 모르겠어!) 독도문제, 왜 진정되지 않지?

병합의 역사가 한국 반일감정을 부추기는 거야.

☆호 선생 - 한국 이명박 대통령이 독도에 갔어.

★A - 노다 수상도 겐바 외상도 '일본의 입장과 맞지 않는다'고 강하게 항의했어.

☆호 선생 - 호호호

★A - 한국에서는 다케시마를 '독도'라고 불러. 한국 고유의 영토라지. 그러나 일본정부는 역사적으로도 국제법적으로도 명백하게 일본 고유의 영토이며 한국이 불법점거하고 있다는 입장이지.

☆호 선생 - 대립하고 있는 거야?

★A - 일본에 있어 이 대통령의 독도상륙은 불법 점거된 영토에 그 나라 최고지도자가 당당히 발을 들여놓은 것이라는 의미야. 이것은 절대 받아들일 수 없어.

☆호 선생 - 한국이 불법점거하고 있으니까.

★A - 샌프란시스코 평화조약은 일본이 포기해야 할 영토에 독도를 포함시키지 않았어. 하지만 발효직전인 1952년 1월, 한국은 당시 이승만 대통령이 일방적으로 해상에 선을 긋고, 독도를 한국 측에 집어넣었어. 이 선은 그 후 지워졌지만 경비대를 상주시키고 실력지배가 이어지고 있어.

☆호 선생 - 원래는?

★A - 일본은 늦어도 에도시대 초기에는 영유권을 확립했다고 생각하고 있어. 일본정부는 1905년 각의결정에서 시마네현에 편입시켰어. 한편, 일본은 그 해에 한국의 외교권을 빼앗고 5년 후에 병합했어. 그래서 한국은 '섬을 빼앗겼다'고 보고 있지. 독도문제는 한국인의 애국심과 반일감정을 불러일으켜.

☆호 선생 - 일본은 어떻게 대응했지?

★A - 53년과 62년에 국제사법재판소(ICJ)에 호소했어. 하지만 거부되고 실현되지 못했어. 재판에 제소하려고 하자 한국 측이 맹렬히 반발해서 한일관계를 배려해 외면해 왔지.

☆호 선생 - 그런 와중에 대통령 상륙이라니.

★A - 겐바 외상은 '배려는 필요 없게 되었다'고 말하며, ICJ 제소를 검토한다고 표명했어. 상호 끌고 당기는 상황이 되고 있지.

2012. 8. 16. 조간 사회
한일, 엇갈리는 8.15 독도, 위안부 문제 등

이웃나라와의 관계를 서로 의식할 기회가 많은 여름. 역사문제나 영토문제에 더해, 금년에는 올림픽도 그 대항에 박차를 가했다. 한국과 일본. 엇갈리는 양국의 관계자는 어떻게 볼까?

15일 '종전의 날'을 한국에서는 일본의 식민지배로부터 한반도가 해방된 '광복절'이라고 부른다.

이날 재일한국인 단체인 재일본 대한민국 민단 중앙본부는 도쿄 히비야 공회당에서 기념식전을 개최. 단상에 한국 국기와 '경축'이라 쓰인 현수막이 걸리고 약 2천명의 사람들이 참가했다.

이명박 대통령이 독도를 방문한 사실에 대해, 도쿄 다치카와에서 온 재일2세 남성(75세)은 '일본이 자기 것이라 주장하는 섬에 독립기념일에 맞추어 대통령이 가는 것에 의미가 있다'고 환영한다. 조부가 한국 국적이라는 가와사키에서 온 마츠모토 씨(35세)는 '국내용 인기 영합으로 보인다'고 말했다.

이 날 야스쿠니신사는 참배자로 들끓었다. 도쿄 도내의 회사원인 하라 씨(40세)는 매년 이날에 참배한다. 친척 중에 전몰자가 있는 것은 아니지만 애국심을 표현할 기회라고 한다. 독도방문 등으로 끓어오르는 한국 국내 여론에 관해 '일본보다 애국심이 결정적으로 뜨겁다'고 본다. '일본인은 반발도 하지 않고 어딘가 남의 일 같다'고 말한다.

한국과 일본 사이에 어딘가 '온도차'가 느껴진다.

이 대통령은 독도방문 이유로, 종군위안부문제에 대한 일본 정부의 소극적인 자세를 든다. 15일 도쿄 도내에서는 종군위안부문제에 관해 일본정부의 사죄와 보상을 호소하는 집회가 있었다. 집회에 참가한 사이타마 주민 아키야마 씨(74세)는 '일본인은 무관심하지만 전쟁 후 67년이 지나도 한국인에게 있어 역사문제는 중요하다. 영토문제도 그 일부다'고 말한다.

8. MB의 독도방문 특집 기사(8)

2012. 8. 17. 조간 총합
일본 민주당, 독도·센카쿠 상륙 비난 국회결의 방침

민주당은 16일, 한국 이명박 대통령의 독도방문과 홍콩활동가들의 센카쿠열도 상륙을 비난하는 국회결의를 중의원, 참의원 양원에서 실시할 방침을 결정했다. 또한 독도 영유권 문제를 해결하기 위해 국제사법재판소(ICJ) 제소를 검토 중인 노다 정권은 한국정부에게 조속히 제소에 동의하도록 제안할 방침이다.

* 일본 정권 방침 - 독도제소 한국에 제안

민주당 조시마 국회대책위원장은 16일, 국회 내에서 기자단에게 '세계를 향한 일본의 자세를 보여줘야 한다'고 설명. 20일 정부와 민주삼역회의(民主三役会議)에서 국회결의안 제출을 정식결정하고 야당과 결의문의 문언조정에 들어간다. 이르면 주말에 채택될 전망이다. 독도와 센카쿠(중국명 다오위다오) 관련 결의는 처음이라고 중의원사무국이 전했다. 자민당 다니가키 총재도 16일 당외교부회에서 '일본의 주장을 명확히 할 필요가 있다'고 강조했다.

한편, ICJ 제소 정식제안을 위해, 외무성은 한국 측에 건넬 구상서 작성준비에 착수. ICJ 분쟁해결수속은 (1)일국이 제소를 제안해 상대국이 동의하면 공동으로 제소장을 만든다 (2) 일국이 제소장을 제출

후, 상대국의 동의를 얻는다 - 고 하는 2가지 방법이 있는데, 모두 상대국의 동의가 필요하다. 외무성은 속도감을 중시해 먼저 한국 측의 동의를 요구하기로 했다.

하지만 한국 측은 동의할 의향이 없어 재판이 시작될 가능성은 희박하다. 그래도 일본 측은 구상서 내용을 발표해 일본고유의 영토라고 주장함과 동시에 한국의 부동의(不同意) 이유가 설득력이 결여되어 있다고 국제사회에 어필할 수 있으리라 본다. 또한 외무성은 1965년 국교정상화 때 교환한 합의문서에 근거해, 외교루트로 해결할 수 없다면 최종적으로는 조정에 들어가는 것도 검토하고 있다.

2012. 8. 17. 오피니언(독자투고)
(聲) 독도, 국제여론에 호소하자

이명박 한국 대통령의 독도방문에 의해, 또다시 한일관계가 악화되고 있다. 한국에 의한 독도 실효지배 방법은 수비대를 상주시키고 과거 접근했던 일본 어선과 순시선을 공격해 사상자가 나오는 등 극히 폭력적이다. 나는 이 문제를 양국이 좀 더 냉정하게 그리고 논리적으로 대화할 수 없을까 항상 생각해 왔다.

지금 독도가 한국의 자국령이라는 설명은 도저히 논리적이지 않다. 하지만 현실적으로 독도를 실효지배하고 있으며, 이미 식민 지배를 한 일본에 대해서는 조금의 타협도 허용할 수 없는 국민감정도 있어서 한국은 협상 테이블에 앉을 수조차 없다. 이러한 상황에서는 국제사법재판소에 제소하는 방법밖에 없다.

물론 한국은 국제사법재판소 제소에 동의하지 않을 것이다. 그러나 한국도 이제 선진국에 진입했으며 국제적 책임도 늘고 있다. 일본 정부가 강경한 자세로 제소와 호소를 지속한다면 한국도 단순히 무시할 수는 없을 것이다. 적어도 왜 제소를 거부하는지, 국제여론이 납득할 만한 설명이 필요하다.

어쨌든 일본 정부는 단호한 태도를 견지해야 한다. 그리고 모든 미디어도 이 독도문제를 세계에 알릴 노력을 해야 한다.

2012. 8. 17. 조간 외보
일본정부, 한국 대통령의 독도상륙에 항의, 재무대화 연기

한국 이명박 대통령이 독도에 상륙한 사실에 대해 일본 정부는 이번 달 하순에 서울에서 열릴 예정이었던 '한일재무대화'를 중지한다. 독도상륙에 항의의 자세를 표명할 목적이다. 한일재무대화는 재무금융 분야에서 양국의 협력을 진전시키기 위해, 2006년부터 거의 매년 개최. 이번에는 한일재무상회합 등이 예정되어 있었다. 하지만 이 대통령의 독도방문 이후, 마찰이 강해지고 있어 개최를 연기하기로 했다. 정부고관은 16일 밤, '재무상회담은 중지한다. (정치적인)메시지가 될 것'이라고 말했다.

2012. 8. 17. 석간 총합
독도제소, 한국에 동의요청

후지무라 관방장관은 19일 오전 기자회견에서 독도문제에 대해 국제사법재판소(ICJ) 제소를 한국정부에 제안한다고 발표했다. 1965년 국교정상화 때에 교환한 합의문서에 근거한 조정을 제안할 것도 밝혔다. 독도는 일본 고유의 영토라고 하는 입장을 국제사회에 알릴 의도다.

겐바 외상은 같은 날 오전, 외무성에 신각수 주일한국대사를 불러 일본정부의 방침을 설명하고 제소에 동의하도록 요청했다. 이명박 대통령이 독도에 방문하거나 일왕방한의 조건으로 사죄를 요구한 사실에 '최근의 언동을 개선하여 사려 깊고 신중한 대응을 하기 바란다'고 항의했다. 후지무라 씨도 회견에서 독도방문에 대해 '일본 주권에 관련된 중대한 문제라고 인식하고 있으며 의연히 대응하겠다'고 비판했다.

ICJ 분쟁해결 수속을 위해서는 상대국의 동의가 필요하며 일본 측은 수일 내에 구상서를 보내 한국 측에 정식 동의를 요청할 방침이다. 단 한국 측은 응할 의향이 없으며 재판이 시작될 전망은 없다.

또한 후지무라 씨는 회견에서 가까운 시일 안에 관계각료회의를 열어 영토문제에 관한 태세 강화를 협의하겠다고 설명했다.

2012. 8. 17. 석간 총합
일본 재무상, 한일외화 융통확충 연장 중지 시사

안주 재무상은 17일, 각료 회의 후 기자회견에서 한국과 일본이 외화가 부족할 때 서로 융통할 수 있는 '통화스와프' 융통 규모를 확충해야 하는 조치가 10월말 기한이 다가오는 것에 대해, '(확충조치 연장은) 백지화 될 가능성이 있다'며 연장하지 않을 가능성을 시사했다.

안주 재무상은, 한국의 이명박 대통령에 의한 독도방문과 일왕에 대한 언동에 대해 '(내 생각에는) 무례하며 간과하지 않을 수 없다'늘

견해를 피력했다.

한일통화스와프는 작년 10월 한일수뇌회담에서 원 달러 환율이 대폭 하락할 때, 1년간 기한조치로 융통액을 130억 달러(약 1조엔)에서 700억 달러(약 5조엔)로 확충하기로 합의하였다.

한국 측에서는 이번 가을이후 연장에 대한 기대가 높다.

그러나 안주 재무상은 '작년 어려운 한국 상황에 손을 내밀었는데 이번 한국 측 대응은 유감스럽다. 일본 국민들의 이해를 전제로 지원을 할 것이다'고 했다.

단, 한국과 중일, 동남아시아제국연합(ASEAN)에 의한 통화교환협정 '챈마이이니시어칩'에 대해서는 '필요성이 있다'고 지속할 의향을 표명했다.

2012. 8. 17. 석간 사회
한중일, 혼들리는 자치단체 간 교류 – 중단이나 연기, 미에현은 예정대로 실시

한국대통령의 독도방문과 홍콩 활동가들에 의한 센카쿠열도(중국명 : 다오위다오) 상륙에 대한 영향이 대한대중자치단체 간 교류에 그림자를 드리우기 시작했다. 교류 사업이나 자사의 방한중지 등 모두 '대일관계악화'를 이유로 든다. 한편, '이런 때일수록 지속하고 싶다'는 의견도 있다.

한국 충청남도 당진시 이철환 시장은 16일, 우호관계에 있던 아키타현 대선시와의 교류사업을 잠정적으로 중단한다고 발표했다. 이명박 대통령의 10일 독도방문 이후, 한일 자치단체 교류 중단이 표면화된 것은 이번이 처음이다.

　이 시장은 '대통령의 독도방문에 관한 일본의 망언 등, 국가 외교가 정상이 아닌 상태에서 지방자치단체 간 협력은 무의미하다'고 말했다. 25일에 다이센시에서 열린 전국불꽃경기대회에 당진시 관계자를 파견할 예정도 취소됐다.

　당이센시는 2007년 우호교류협정을 체결하고 이번 달 초 중학생 4명을 당진시에 파견하였다. 홈스테이와 교류행사를 통해 친교를 시작한지 얼마 안됐다. 구리바야시 시장은 '유감이지만 조용히 지켜보고 싶다'고 말하였다.

　나가사키현 나카무라 지사는 19일부터 예정된 한국 서울 방문을 연기하였다. 현과 교류가 있는 민간단체와 항공회사, 한일친선협회 등 21일까지 방문할 예정이었다. 현은 '일본정부가 외교루트를 통해 한국에 항의하고 있는 현 상황에서의 방한은 자제해야 한다고 판단'했다고 한다.

　후쿠오카시 다카시마 시장도 16일 정례회견에서 시가 내년부터 예정하고 있던 중국 공무원 일본 연수에 대해서도 '정세를 지켜보며 판단하겠다'는 생각을 표시했다.

　이러한 움직임에 반해, 예정대로 사업을 진행하기로 결정한 자치단체도 있다.

　미에현 스즈키 지사는 16일 회견에서, '정치적인 문제가 경제 등 모든 분야에 파급될 필요는 없다'고 발언하며, 9월 중국에서 열리는 '모노주쿠리(창작)상담회(商談會)'에 현내 민간기업은 예정대로 참가한다고 밝혔다. 지사는 '계속 추진 할 것이며 영향을 받지 않기를 바란다.'고 말했다.

중국 북경에서 17일부터 예정된 일중 국교정상화 40주년 기념 중학생 탁구대회(아사히신문사 등 지원). 일중 우호협회 대회사무국에 의하면 일본에서 참가하는 전국 83개 자치단체에서 보류한 곳은 없다고 한다. 선수와 동행한 아이치현 탁구협회사무국은 '북경에 들어왔더니 모두 친절하게 대해준다. 교류가 잘 되기를 바란다'고 말한다.

자치단체 국제화협회(도쿄 치요다구)에 의하면, 한국이나 중국의 자치단체와 자매, 우호도시제휴를 맺은 일본의 자치단체는 각각 140곳, 345(7월말 현재)곳. 담당자는 '영토문제로 잠시 교류가 중단되거나 교류가 약화된 경우는 있지만, 전면중단으로 간 케이스는 별로 없다'고 하였다.

* 마츠바라 공안위원장 '보다 엄중한 처벌을'

마츠바라 진 국가공안 위원장은 17일 회견에서 '일본의 영토와 주권을 침해하는 불법입국이나 상륙은, 통상보다 엄하게 처벌해야만 한다'고 말했다. 이 날 각료회의 후 관계자 각료회의에서 법 정비에 대한 검토를 요구했다고 한다.

체포된 활동가들을 입국관리국에 인도한 것에 관해서는 '필요한 수사를 다 한 후에 관계법령 적용을 관계부처와 충분히 협의했다'고 했다.

* 국가와 풀뿌리교류, 분리해서

<한일 어린이 심포지엄을 개최하는 '지구시민을 키우는 모임' 사무국장인 후루카와 씨의 이야기>

10년 전부터 후쿠오카시와 한국 부산시에서 심포지엄을 개최하고 있는데, 교과서문제와 야스쿠니 신사 참배문제 등 교류에 장애가 되는 일도 있었다. 이번 영토문제로 앞으로 교류를 시작하려는 사람에게 선입관이나 편견이 생기는 것은 아닐까 걱정이 된다. 국가 간의 문제와 풀뿌리 교류는 분리해서 생각해 주길 바란다.

2012. 8. 17. 석간 총합
한국 청와대 고관, 일왕 방한 발언 '오해 풀고 싶다'

한국 청와대 고관은 16일 오후, 이명박 대통령이 일왕의 사죄를 요구했다고 간주되는 발언을 한 것에 대해 '방한계획이 논의된 적은 없다. 대통령은 원칙적인 얘기를 했을 뿐이며 취지가 오해받고 있다. 오해를 풀었으면 한다'고 한국 보도진에게 표명하였다.

대통령의 독도방문에 가세해 일왕관련 발언에 일본의 반발이 강해지자, 한국정부는 독도문제와 다른 외교문제를 분리해서 진행시킬 것을 확인하고 있다. 고관의 발언도 사태를 진정시키기 위한 것으로 보인다.

또한 일본이 대항조치로 외화를 확충하는 한일통화스와프확정을 재검토하는가라는 질문에 고관은 '억측에 불과하지만 모든 가능성은 열어놓고 있다'고 말했다. 17일자 조선일보는 확정이 중단되어도 한국통화에 대한 충격은 적다고 금융계의 의견을 전했다.

2012. 8. 17. 조간 지방
한국 당진, 아키타현 다이센시에 교류중단 시사

다이센시는 16일, 우호교류협정을 맺고 있는 한국 당진시로 부터 '교류를 잠정적으로 중단'한다는 전자문서를 받았다. 25일 개최하는 오타니의 불꽃놀이에 예정된 부시장 방문도 취소할 예정이다. 독도 영유권문제나 현직각료의 야스쿠니 신사참배 등에 대한 반발이다.

다이센시 남녀공동기획, 교류추진과에 의하면, 문서는 한글표기로 교류중단 이유에 대해서는 '독도나 역사 문제로 한일 양국정부의 유연한 교류가 어려워졌다. 앞으로 잠잠해 질 때까지 어쩔 수 없이 교류를 중단한다'고 쓰여 있었다고 한다. 하리마 과장은 '갑작스럽고 유감스러운 조치'라고 말했다.

다이센는 2007년에 당진시와 '우호교류에 관한 협정'을 체결, 중학생이 상호방문하고 있었으며 스포츠교류도 해왔다. 이번 달 초에는 다이센시내 여중생 4명이 당진시를 방문, 홈스테이로 우호를 맺어 왔다.

현에 의하면 현내에는 유리모토소(由利本莊)시와 한국 양산시가 위와 같은 협정을 맺어왔으나 양국관계가 악화된 2005년부터는 교류가 끊어졌다고 한다.

2012. 8. 18. 조간 총합

일 정권, 한국에 대한 대항책 차례차례 시사 – 통화협력 중지 및 ICJ제소 제안

노다정권은 17일, 독도 영유권 문제로 국세사법재판소(ICJ)제소를 한국 측에 제안할 방침을 정식으로 발표했다. 한국의 통화불안을 방어하기 위한 협력을 중단할 것도 시사 하였다. 이명박 대통령의 독도 방문으로 시작된 한일 양국의 마찰로 인해 일본 측이 대항 수단을 차례차례 내놓는 양상을 초래했다.

★ 통화협력 중단 시사, 재무상 '감정을 역이용'

'한일통화스와프' 확충은 한일 금융협력의 상징이다. 안주 재무상은 17일 각료회의 후 회견에서 '한일통화스와프' 중단을 시사했다. '연장여부를 포함해 백지 가능성이 있다'

확충은 작년10월 수뇌회담에서 합의. 당시 유럽위기 영향으로 신흥국에서 돈을 인상하는 움직임이 확산되어, 원화약세에 고민하던 한국에서는 큰 환영을 받았다. 실제 이것이 계기가 되어 원화약세에 브레이크가 걸렸다.

이 합의로 확충한 579억 달러 통화스와프가 올해 10월말로 기한이 끝난다. 이번 안주 재무상은 이것을 연장하지 않을 가능성을 시사했다. 한국 통화위기에 대한 안전망을 흔들어 강한 항의 의사를 표명할 의도이다.

확충합의에는 노다 수상도 동의한다. 안주 재무상도 한국경제 중요성은 잘 알고 있지만 노다내각은 한국에 대해 강경한 자세로 돌아섰다.

이 대통령이 독도를 방문한 10일, 수상은 회견에서 '서로 미래지향적인 한일관계를 만들기 위해 다양한 노력을 해왔다. 극히 유감이다'고 강한 어조로 말했다. 수상주위에는 '한국에 배신당한 느낌이 강하다'고 대변한다. 그리고 대통령이 14일, 일왕방한 조건으로 식민지 지배에 대한 사죄를 요구한 것이 불에 기름을 부었다.

안주 재무상은 15일, 통화스와프를 외교카드로 사용하는 것에 대해 겐바 외상과 협의했다. 한국에 대한 항의로 이번 달 하순 한일 재무상 대화를 위한 한국 방문을 취소한다는 것을 수상의 양해를 얻어 17일에 회견에서 발표했다.

'너무 무례하다, 일본 국민의 감정을 역이용한 대통령의 발언은 간과할 수 없다'. 안주 재무상의 발언은 더욱 격해졌다.

하지만 재무성의 국제금융당국은 상호비난이 격해지는 현상에 대해 신경이 예민하다.

한일통화스와프는 다국간 금융협력의 일부로 2001년에 개시. 처음에는 동아시아에서 위기에 빠진 나라에 외화를 융통해 주는 '챈마이이니시어칩'의 일환이었다. 한일관계의 악화로 동아시아 연계에 금이 갈 우려가 있다.

안주 씨의 발언이 나온 17일에는 즉시 도쿄 외국 환율시장에서 일시적으로 엔화 대 원화가 팔렸다. 시장관계자 사이에서는 '유럽 위기가 심각해지면 원화 등 신흥국의 통화가격이 내려가므로 한일 통화스와프의 재검토는 한국에게는 악재'라는 견해가 있다.

한국 내에서는 일본의 강경자세에 고개를 갸웃거리는 관계자가 적지 않다. 한국 통화안정은 일본의 이익으로도 연결된다. 도리어 동아시아경제가 불안정해지면 일본이 초래했다고 비난받을 수도 있다. 한국 기획재정부 당국자는 17일, '미리 예단하지 않고 신중하게 지켜보고 있다'고 말하는데 그쳤다.

한국경제 기반은 아직 취약하므로 금융계에는 긴장감이 감돈다. 대통령 고관은 16일, 한국인 기자들에게 '(충분한)외화준비고가 있어서 타격을 받지 않는다'고 설명했다. 동요를 억누르려고 애쓰고 있는 모습이다.

★ 국제사법재판소에서 결착 제안, 일 외상 '당당히 응해야 한다'

'최근의 언동을 개선하여 사려 깊고 신중한 대응을 취하길 바란다'
겐바 외상은 17일 오전, 한국 신각수 주일대사를 외무성에 불러, 이 대통령에 대해 이례라고 할 정도로 강한 경고를 표했다. 외무성 간부는 '이번에는 철저하게 하겠다'고 기세등등하다.

겐바 씨는 MB의 독도방문 다음날인 11일에 ICJ 제소 검토를 표명. 17일에는 후지무라 관방장관이 한국정부에 제안할 것을 발표했다. 외무성은 제소에 동의하도록 요구하는 구상서를 만들어 주말에는 한국 측에 건넨다. 한국 측이 응하지 않으면 재판은 시작되지 않지만 독도는 일본 고유의 영토라는 입장을 반복해 국제사회에 어필하는 전략을 그리고 있다.

구상서 그 자체는 공개하지 않지만 우선 내용을 발표한다. 한국이 동의하지 않는다면 일본이 일방적으로 ICJ에 제소하는 방법도 검토.

외무성 간부는 '한국은 국제사회로부터 왜 재판에 응하지 않는지 추궁당할 것'이라고 얘기한다.

나아가 후지무라 씨는 한일 양 정부가 1965년 국교정상화시에 교환한 합의문서에 근거한 조정도 제안할 생각을 표명했다. 합의문서에는 분쟁을 외교루트로 해결할 수 없는 경우, 조정으로 해결을 도모할 것이 명기되어 있다. 후지무라 씨는 '분쟁에 독도문제가 포함된 것은 쌍방이 이미 알고 있다'는 인식을 표시했다.

노다 정권은 국내용 대응책도 차례차례 내놓았다. 독도문제 관계 각료회합을 21일에 개최하여 영토문제에 관한 체제강화에 나서고 독도문제에 관한 민간조사·연구, 여론홍보를 위한 활동도 지원한다.

겐바 씨는 17일 낮, '독도 영유권을 주장한다면 당당히 (재판에)응해야 한다'고 한국을 도발. 그 표현은 같은 날 저녁 노다 수상의 발언과 같았다.

통화스와프(교환)협정은 각국 정부와 중앙은행이 필요할 때 상호 자금을 융통할 수 있도록 한 구조이다. 국내 자금이 급속하게 해외로 흘러나가면 그 나라 통화가 급락할 우려가 있기 때문에 언제든지 융통할 수 있도록 양국간 규모를 미리 결정해 둔다. 금융위기에 의한 통화불안을 미연에 방지할 목적이다.

노다 수상은 취임 후, 국제회의를 제외한 첫 해외방문지로, 작년 10월 한국을 선택했다. MB와의 회담에서 한일통화스와프 규모를 130억 달러(약 1조엔)에서 5배를 넘는 700억 달러(약 5.4조엔)로 확충할 것을 합의했다.

당시 유럽 차금의 영향으로 한국통화 원화 환율이 내려가고 있었고 일본이 지원의 손길을 내밀었다. MB는 회담 중에 구일본국 종군 위안부 문제를 정면에서 다루지 않으며 일본 측을 배려하였다. 통화 스와프는 수상의 아시아외교 데뷔를 위한 인기상품이었다.

2012. 8. 18 조간 총합
(상륙 파문으로 혼미한 동아시아 上)
한중일, 대립의 악순환 – 독도·센카쿠 삐걱거리는 관계

동아시아외교의 '마이너스연쇄'가 멈추지 않는다. 한국 MB의 독도 방문을 계기로 한일관계는 크게 흔들렸고, 센카쿠열도를 둘러싼 중일대립도 격해졌다. 동아시아중시를 외치며 2009년에 탄생한 민주당정권. 고양되는 내셔널리즘을 배경으로 일본과 주변국과의 관계는 혼미해지고 있다.

일본정부는 17일, 독도문제를 둘러싸고 국제사법재판소(ICJ) 공동제소를 한국 측에 제안하기로 결정했다.

하지만 한국 외교통상부는 보도관 논평에서 '일고의 가치도 없다'고 반발했다.

* '유감의 뜻' 수상의 친서

'(재판에)당당히 응하길 바란다'. 노다 수상은 17일 저녁, 관저에서 기자단에게 말했다. 그리고 그날 밤 수상은 MB의 일련의 언동에 대해 '유감의 뜻'을 표시, ICJ 공동제소를 한국에 제안하기로 한 친서를 대통령 앞으로 보냈다.

'미래지향적 관계 구축'을 지향해 온 한일양국인데 수상의 외교 브레인, 나가시마 수상보좌관은 '민주당정권에서 계속 쌓아왔는데 일련의 (대통령의)행동으로 지금과 같은 한일관계는 어려울 것 같다.'고 언급한다. 쌍방의 대립감정은 격해질 뿐이다.

한편, 중국과의 관계. 센카쿠열도에 방문한 홍콩 활동가를 강제소환한 17일, 수상은 센카구관계 각료회의를 처음으로 개최했다. '일본 영해에 침입, 센가쿠열도에 방문한 것은 실로 유감이다'고 강조했다. 관저를 방문한 의원에게는 '국가주권에 관련된 문제는 불퇴전의 결의로 당당히 맞서 나가겠다'는 결의를 표했다.

이번 센카쿠열도 방문에서는 중국과의 결정적 대립은 피하기 위해 활동가를 강제 소환하는 조치를 취했다. 단, 수상은 센카쿠 국유화방침을 내세우고 있으며 중국 측은 '국내정국에 사로잡혀 중일관계의 대국적 의지가 부족하다'(공산당 대일부분 간부)고 반발했다.

* 대미수복에 경주하는 스킬

민주당 정권 하에서 외교방침은 흔들렸다. 이웃나라의 반발을 곁눈질하며 야스쿠니참배를 반복해 온 고이즈미 수상이 '대미관계만 좋으면 다른 나라와는 잘 된다'고 말한 것과는 대조적으로 정권교체에서 하토야마 수상은 '다른 아시아 국가들과 협력하면 불가능한 것은 없다'고 동아시아공동체구상을 선언하여 한중으로부터 기대를 받았지만 하토야마 씨는 결국, 오키나와 미군 후텐마 비행장의 현외 이동문제로 미국의 반발을 사서 퇴진했다. 그 후의 정권은 대미수복에 힘쓰는데 노력했다.

간 나오토 정권에서는 센카쿠열도 바다에서 중국어선 충돌사건이 일어났다. 러시아 메드베데프 씨는 대통령과 수상 시절에 2번, 북방영토를 방문했다. 외무성 간부는 '센카쿠에 집중하면 북방영토를 당하고 독도에서 허를 찔렸다. 이것이 3정면작전이다. 불안정한 정국이 이어지며 주변국에 약점을 잡혔다'고 지적한다.

한국이 일본에 강경자세를 나타낸 것은 구 일본종군위안부 문제로 대응을 재차 요구했는데도 일본의 반응이 둔감했기 때문이다. 또한 작년 10월 한미수뇌회담에서는 오바마 대통령이 '한국은 지구규모의 파트너가 되었다'고 찬양했다. 한국에 대해 '미국에게 있어, 한국은 일본과 동등한 아시아 주요국'(정부고관)이라는 자부심이 생겨난 것도 한일관계 악화와 무관하지 않다.

전후 아시아경제를 이끌어 온 일본의 국력이 저하되고 중국이 대두한 국제환경의 격변은, 중일관계를 흔들고 있다. '중국은 앞으로 힘으로 밀것이다'(일본정부 관계자)는 경계심이 있지만 한편으로 노다 정권은 강경한 태세도 보여준다. 종전기념일 각료의 야스쿠니참배를 수상은 묵인했다. 민주당 정권으로서는 처음으로 참배한 각료 중 1명은 '노다 수상은 더욱 강경한 자세로 아시아 외교에 임할 생각'이라고 대변했다.

일본 국내여론을 배경으로 상호 물러나고 싶어도 물러날 수 없게 된다면, 대립의 악순환은 계속될 것이다. 외무성 간부는 '쌍방이 더 이상 확대되지 않도록 어딘가에서 선을 긋도록 해야 한다. 하지만 관계가 무너지면 간단히 원래 관계로 돌아올 수는 없다'고 위기감을 높였다.

2012. 8. 18. 조간 오피니언
(聲) 한국에 일 정부의 진지함을 보여라

지방자치단체 공무원 노보루 세이치로(도쿄 세타가야구 70세)
한국 MB의 독도방문은 일본에게 도저히 간과할 수 없는 폭거이며 정부가 취할 조치는 영토문제에 관한 일본의 기본자세이며 이후 한일관계에 있어서도 매우 중요한 의미를 갖는다는 사실을 명심하길 바란다.

정부는 주한대사를 소환했는데 상대정부는 어떤 아픔도 느끼지 못할 뿐만 아니라, 대사부재는 현지에서의 정보입수나 정부요인에 대한 공작에도 지장을 초래해 오히려 자신의 목을 조르는 조치다. 또한 국제사법재판소 제소를 제안하는 것 같은데, 한국 측이 동의하지 않을 것이며 효과가 의심스럽다.

외교관으로서의 경험에서 말하면, 대통령의 독도방문은 일본에 대한 최대한의 도발로, 즉시는 아니더라도 한국이 정말 곤란할 정도의 명백한 조치를 진지하게 검토해야만 한다. 그것은 첫째 한국에서의 현지생산에 대한 투자 제한, 둘째 관광목적의 한국방문 자숙, 셋째 한국항공기 하네다공항 탑승 규제 등이다. 이것들은 단기적으로 한일관계에 악영향을 미칠 우려도 있지만 일본정부의 진지함을 표시함으로써 한일관계의 장기적 안정으로 이어지리라 확신한다. 그렇지만 그 후의 MB의 일왕방한을 둘러싼 발언을 보면, 그 진의를 탐색하기 위해서라도 수뇌회담의 필요성을 통감한다.

2012. 8. 18. 조간 외보
독도문제 등의 영향으로 한일 포럼 연기 결정

이번 달 29일부터 3일간, 후쿠오카시에서 개최예정이었던 민간대화'한일포럼'연기가 17일 결정되었다. MB의 독도방문과 일왕에 관한 발언으로 긴박해 지는 가운데, 일본 측 시게키의장(키코만 명예회장)이 '지금 냉정하며 건설적인 논의를 하기는 곤란'이라며 연기를 신청했고 한국 측 손노명의장(전 외상)도 이를 받아들였다.

2012. 8. 18. 조간 지방
야마가타현, 독도·센카쿠 문제 영향없음 - 여파 지켜볼 태세

MB의 독도방문과 중국, 홍콩의 활동가들에 의한 센카쿠열도 방문 문제로 양국과 도시간 교류에 미칠 영향이 우려되고 있다. 현의 국제실에 의하면, 현내에는 약 8개의 시와 마을이 자매도시제휴를 맺고 있으며 문제 발생 후, 탁구교류를 위해 중국에 건너간 중학생도 있었으며 눈에 띄는 영향은 없지만, '이런 때일수록 냉정한 대처가 필요'하다고 국제문제 여파를 신중하게 지켜보는 자세가 눈에 띈다.

현내에서 유일하게 한국과 자매도시를 갖고 있는 사가에시에서는 10월에 제휴도시인 안동시 직원의 행정시찰 예정에 변경은 없다고 한다. 담당자는 '자세한 스케줄은 앞으로 결정될 것이며 영향은 없다'고 말한다.

한편, 중국과는 야마가타시나 츠루오카시 등 현내 7개의 시와 마을이 자매도시를 체결하고 있다. 사카다시와 남양시는 17일개막하는 중일국교정상화 40주년 기념으로 중학생 탁구대회 출전을 위해 중학생 2명과 관계자 3명을 16일에 파견했다.

동행한 사카다탁구협회 우노회장은 국제전화 취재에 대해 '불안함도 있었지만 북경에서 대환영을 해주었다. 이웃나라이기 때문에 좋은 점도 나쁜 점도 있지만, 대회는 상호간의 우호적 관계를 증진시키는 것이 목적'이라고 말한다.

또한 중국 길림시 고등학교와 격년으로 교류를 하고 있는 야마가타시 상업고등학교는 9월 17일~23일에 학생 4명과 인솔교사 3명이 길림을 방문할 예정에 변화는 없다. 현의 국제교류협회 마사키전무이사는 '다양한 사업에 영향이 없는지 걱정이지만, 쌍방이 냉정하게 대응해 기우로 끝나길 바란다'고 말한다.

2012. 8. 18. 오사카 조간
시마네현 지사 '일 정부의 대응 높이 평가' - 독도문제 ICJ제소 검토

한국 MB의 독도 방문 사실에 대해, 정부가 영유권확인을 위해 국제사법재판소(ICJ)에 제소할 수속을 결정한 것에 대해 미조구치 지사는 17일, 하마다 시내에서 보도진의 취재에 응해, '제소는 현이 오랫동안 요구해온 일이며, 정부의 대응을 높이 평가한다. 요청이 있으면 독도에 관한 현재까지의 연구 성과를 제출하는 등 가능한 협력하고 싶다'고 말했다.

지금까지 현은 독도문제 연구회를 통해 논점정리와 자료 수집을 하는 등 독도자료실에서 일본의 주장을 뒷받침할 역사자료와 공문서

등을 공개하고 있다. 근래 몇 년간 한국 측의 움직임이 활발해지는 것에 위기감을 느껴 정부에 외교교섭 촉진과 홍보계발활동을 추진하는 조직설치, 오키섬 계발시설 설치 등을 요구하고 있다.

2012. 8. 18. 도쿄 조간 아키타 지방
한반도, 우정과 차별 그린 한일합작영화 '길-백자의 사람'3개시에서 상영회/ 아키타현

한일양국간 독도 영유권과 역사인식을 둘러싼 대립이 격해지는 가운데, 일본이 식민지화한 조선반도에서 상호이해를 위해 애쓴 아사카와 다쿠미(浅川巧1891-1931)를 그린 한일합작영화 '길-백자의 사람-'이 센호쿠, 다이칸, 아키타 3개시에서 상영된다. 작품에서 아사카와는 역사에 농락당하면서도 도자기 조사연구와 산림재생에 힘쓰며 동료인 조선인 기술자와 우정을 키운다. 이번 달 현을 방문한 다카하시 감독에게 현내 상영에 대한 기대감에 대해 들었다.

작품의 무대는 일본이 1910년에 병합한 조선반도. 형 노리타카를 의지하여 조선에 건너온 아사카와가 임업기술자로서 황폐한 산림 재생에 심혈을 쏟는 한편, 조선 고유의 문화인 도자기의 조사연구, 보존에 진력하는 모습을 그린다. 원작은 작가 에미야(江宮隆之)가 저술한 '백자의 사람'. 아사카와는 일본배우인 요시자와(吉沢)가, 조선인 기술자역은 한국배우 배수빈이 열연. 올 6월에 전국 주요영화관에서 개봉, 화제를 모았다.

작품에서는, 일상생활에서 부당한 차별을 받는 조선인과 1919년 3월 1일에 일어난 3.1독립운동에서 조선인이 일본인에게 탄압받는 장면이 그려진다. 배수빈이 아사카와와 떨어져 마지막에는 부당체포로 투옥되고 만다. 제작위원회와 다카하시감독 등 스태프는 '마이너스(負)의 역사'를 직시하면서 작품을 만들어 갔다.

당초 구상에서는 한국병합100년에 해당하는 2010년 전후 공개가 예정되어 있었는데, 영화회사의 도산 등으로 감독 등 스태프, 캐스팅도 오락가락 했다. 출신지 야마나시현 관계자들이 만든 제작위원회 발족에서 로케까지 약 6년 반, 극장공개까지 약 7년 반을 소비했다.

마지막으로 한국에서 촬영경험이 있는 다카하시감독이 뽑혔다. 감독은 '지금까지 함께 일을 한 것은 (배우)오스기(大杉)뿐. 배우도 스태프도 그 이외에는 모두 처음이었는데, 원작에 몰두했던 것과 제작위원회의 열의를 보고 반드시 영화로 만들어야겠다고 생각했다'고 회상한다.

∗ 문제가 표면화된 지금이야말로 의의가 있다.

Q1. 상영을 목전에 두고, 영토문제와 역사문제를 둘러싼 한일관계가 흔들리고 있습니다.

'내 입장에서 말하면, 그런 문제가 표면화된 지금이야말로 그러한 작품의 의의, 상영의 의의가 높아지는 것은 아닐까 생각한다. "K-POP" "한류붐"을 상징되는 바와 같이, 양국간 감정의 골이 메워진 인상을 받는 사람이 있는데, 나는 아직은 아니라고 생각한다. 지금이야말로 아사카와 다쿠미의 의의가 부상한다. 작품은 일본뿐 아니라 한국에서도 상영되고 있다. 한국 젊은이들이 봐주길 바란다.

Q2. 3.1독립운동 탄압 등, 식민지시대의 '마이너스 역사'를 직시한 장면도 등장합니다.

'역사인식에 있어서 어느 쪽으로도 기울지 않고 반드시 중립적인 입장에 설 것을 결정하고, 그런 생각으로 촬영에 임했다. 양국 문헌 등에 나타난 사실(史實)을 꼼꼼히 조사한 후에, 자신의 생각을 표현하려고 했다. 그 시대를 그린다면, 3.1 독립운동 장면은 피해 갈 수 없다. 사실(史實)은 왜곡할 수 없다'

Q3. 아사카와 다쿠미에 대해, 새롭게 어떤 인물로 그리고 있습니까?

'모든 강을 무조건적으로 받아들이는 "바다와 같은 사람"이며, 무조건적으로 나눠주는 "산과 같은 사람"이다. 또한, 유약을 바르지 않고 꾸미지 않은 마치 백자와 같은 사람이다. 야마나시현에서 수해를 당한 다쿠미는 산림의 소중함을 깨달았을 것이다. 많은 분들이 아키타현과 인연이 있는 아사카와 다쿠미라는 존재를 알아주면 좋겠다'

◇ 아사카와 다쿠미

야마나시현 출생. 현립 농림학교 졸업 후, 1910년 아키타현 대관영 림서에서 근무. 퇴직 후인 1914년, 조선반도에 건너가 조선총독부 임업시험장에 기술자로 근무하면서 도자기를 조사연구 한다. 일본이 식민지화한 조선고유의 문화에 빛을 비추었다. 1924년 형 노리타카와 민예운동의 대부라 불리는 사상가 야나기 무네요시와 경성(현재 한국의 서울) 경복궁 안에 '조선민족미술관'을 설립. 작고 후, 다쿠미를 그리워하는 조선인들의 손에 의해 경성근교에 매장되었다. 영화 원작인 '백자의 사람'이나 '조선의 흙이 된 일본인'(高橋宗司 저)에 상세히 나타난다.

2012. 8. 18. 서부 조간 미야기현
독도·센카쿠 문제, 교류에 영향 없음/ 미야자키현

한국 대통령의 독도방문과 홍콩 활동가들의 센카쿠열도 상륙으로 현내 자치단체의 교류사업에 현재 영향은 미치지 않고 있다.

미야자키시와 자매도시인 한국의 보은군과의 중학생 홈스테이사업. 미야자키시로부터는 MB의 방문(10일)을 사이에 둔 8~12일에 파견했는데, 현지에서 지장은 없었다. 22~25일에 예정된 한국으로부터의 방문도 현재까지 변경은 없다. 몬가와 마을의 아라하라 교육장은 22일부터 4박5일 일정으로 심포지엄 출석을 위해 예정대로 한국 신안군을 방문한다.

16일부터 홍콩에서 개최중인 국제식품 견본시장 '홍콩푸드엑스포'에서는 현내의 9개회사가 예정대로 참가. 현 상업지원과에는 17일, 현지에서 '순조롭게 진행되고 있다'는 연락을 받았다고 한다.

2012. 8. 18. 조간
지방교류 정착, 영향확대 우려도
독도·야스쿠니 …깊어지는 한일 간 감정의 벽/ 아키타현

MB의 독도방문과 일본의 현직내각의 야스쿠니신사 참배의 영향으로 다이센시와 한국 청진시의 교류 중단이 결정되는 등, 현내에서도 한일관계에 감정의 골이 생기고 있다. 아키타 - 서울간 취항으로부터 11년이 경과해 양국간 왕래가 정착하고 있는 가운데, 관계자로부터 영향확대를 우려하는 목소리가 높아지고 있다.

2007년에 협정을 맺은 다이센시와 청진시 교류는 차세대 중학생 상호방문이 주요사업이며, 올 8월에 여중생 4명이 당진시를 방문했다. 학생1명을 파견한 오타니중학교 이마노 교장은 '중학생들이 상호 방문하는 교류가 없어지는 것은 유감'이라고 말한다.

교류확대의 계기는 2001년에 취항한 정기편 때문이다. 현에 의하면, 서울편 한국인 탑승객은 2009년도에 과거 최고인 2만 2575명을 기록하여, 한국 인기드라마인 '아이리스'로케가 같은 해 아키타현에서 이루어진 효과가 컸다.

최근에는 교육분야 교류도 활발해졌다. 올 7월에는 서울고교 학생 80명이 현을 방문하여, 아키타미나미 고교 학생과 영어로 상호문화를 소개하는 등 친교를 도모했다.

사타케 지사는 17일, '국가로서의 주장은 상호 양보할 수 없는 부분도 있지만 너무 과열되는 것은 서로 손해'라고 언급했다.

현내에 거주하는 재일한국인이 조직한 재일본 대한민국 민단 본부의 최연우 단장은 '이런 때일수록 민간은 아무 일도 없었던 듯 교류를 지속하는 것이 중요'하고 말했다.

9. MB의 독도방문 특집 기사(9)

2012. 8. 27. 조간 오피니언 2
(聲) 영토문제는 냉정하게 대화하자

초등학교교사 야마자키 가즈오(아이치현 도요하시 60세)
센카쿠열도에 관해 중국과 일본 양국이 '고유영토'라는 입장만을 주장하며 도발적인 언동을 한다면 상대국의 감정을 자극해 균열을 확대시킬 뿐입니다.

힘에 의한 영토문제 '해결'은 그 후에도 응어리를 남겨, 진실한 해결로는 이어지지 않습니다. 게다가 편협한 내셔널리즘은 보도를 반복하며 일시에 끓어올랐다가 결국 컨트롤할 수 없게 됩니다. 일본이 영토문제를 힘에 의해 해결할 길을 선택한다면, 일미군사동맹은 한층 긴밀해지고 끊임없이 군사적인 긴장상태를 유지해야 합니다.

영토문제는 내셔널리즘을 부딪히기 보다는 어디까지나 시간을 들여 대화에 의해 해결해야 합니다. 본질적인 해결에 이르기까지는 '보류' 해두고 어업문제나 해양자원문제 등 잠정적인 결정을 하면 됩니다.

한국과의 독도문제를 포함해, 영토문제로 분쟁하는 것은 같은 지구인으로서 일체감을 잃어버리는 어리석은 행위입니다.

2012. 8. 28. 조간 총합
여야당 결렬, 선거제도 개혁법안의 민주당단독 가결에 자민당 대항

민주당이 27일, 중의원선거제도개혁안을 단독으로 중의원 위원회에서 가결, 여야당 대립은 명확해졌다. 자민당 수뇌는 참의원에서의 수상문책결의안을 '29일에 제출'한다고 표명하여, 반발하는 민주당 간부로부터 노다수상이 다니가키 자민당총재에게 표명했던 '가까운 시일 안에'라는 중의원해산은 '백지'라는 목소리도 나오기 시작했다.

자민, 공명, '국민의 생활이 제일(国民の生活が第一)' 등 11개 야당의 국회대책위원장은 27일, 선거제도 개혁법안 위원회 체결에 관해 요코미치 중의원의장에게 항의. '선거제도는 의원제민주주의 토대. 헌정사상 이 정도의 폭거는 없었다'며, 28일 중의원 본회의에서 체결 중지를 요구했다.

하지만 민주당은 28일 금년도 예산 재원을 확보하는 특례공채법안과 함께 중의원을 통과시켰다. 중요법안을 자민당 찬성 없이 야당 다수의 중의원에게 보내는 것은 이례적 일이지만 '야당도 책임 있는 태도를 보여달라'(노다수상)고 압박했다.

자민당은 '(정책실현을 위해)타협할 수 없는 야당이라면 정권을 양보해야 한다'(이사하라 간사장)고 반발하여, 29일에 참의원에서 다른 야당과 협력해 수상문책 결의한을 가결할 방침이다. 29일에는 오사카 구상법안, 가네미 유증 구제법안, 영해경비 강화법안 등이 가결될 전망인데, 그 후에는 자민당의 심의거부로 국회는 공전(空轉)상태가 된다.

'비틀린 국회'에서 정부 법안은 통과하지 못했다. 자민당은 그 책임이 민주당 대표인 수상에게 있다며, 9월 8일 국회 회기말까지 중의원을 해산하라고 압박했다.

하지만 민주당에 응할 모습은 보이지 않았다. 조시마 국책위원장은 27일, '독도문제로 한국과 대치하고 있을 때, 수상문책은 상대에게 소금을 선물하는 행위'라고 비판. '수상문책이라면 다니가키 총재와의 이야기에서 나온 "가까운 시일 안(의 해산)"에 대한 것을 백지로 돌리는 것과 같다'고 견제했다.

2012. 8. 27. 조간 외보
야마구치 외무 부대신의 발언, 한류스타 '방일곤란'에 한국반발

MB의 독도방문을 계기로 한일관계가 악화되는 가운데, 야마구치 외무부 대신이 24일, 독도관련 이벤트에 참가한 한류스타 송일국 씨의 일본방문이 '어렵다'고 언급한 것에 관해, 한국에서는 반발이 확산되고 있다.

한류드라마 '주몽'의 주연배우인 송 씨는 가수와 대학생들과 함께 식민지지배 해방을 축하하는 8월 15일 광복절에 맞추어 독도까지 릴레이 수영에 참가.

야마구치 부대신은 24일, 민영방송 텔레비전에서 이 사건을 언급하며 '죄송하지만 앞으로 일본에 오기 어려워졌다. 그것이 국민적 감정'이라고 말했다. 이에 대해, 송 씨가 트위터에서 '할 말이 없다' '대한민국 만세'라고 하자, '일본은 배우와도 싸우는가?'라는 반응이 이어졌다.

25일자 한국신문도 일제히 이 문제를 다루며 '정부고관이 특정개인의 행동에 보복하는 듯한 발언을 한 것은 이례적'(국민일보)이라고 보도했다.

2012. 8. 27. 조간 외보
일본과의 공동제소, 한국은 공동제소 거부

독도 영유권문제를 둘러싸고 일본정부가 국제사법재판소(ICJ)공동제소를 한국에 제안한 사안에 대하여 한국정부가 이것을 거부하는 내용의 구상서를 이르면 이번 주 초에 일본 측에 전달할 방침을 확정했다.

MB의 독도방문에 대해 일본정부는 21일에 ICJ 공동제소와 1965년 한일합의문서에 근거한 조정을 제안하는 구상서를 한국 측에 전달했다. 이에 대해, 한국 측은 '일고의 가치도 없다' 'ICJ에 갈 이유도 없으며 가지도 않을 것이다' 고 거부하는 자세를 거듭 표명했다.

한국정부는 '독도는 역사적, 지리적, 국제법적으로 한국 고유의 영토이며, 분쟁지역은 아니다'는 입장을 취하고 있으며, 구상서는 이러한 견해를 근거로 일본 측 제안을 거부하는 내용으로 보인다. 한국정부 관계자는 '일본 측 움직임도 보면서 최종적으로 시기를 결정할건데 이르면 이번 주 초가 될 것이다'고 한다.

2012. 8. 28. 조간 사회
주일 한국대사, 나가사키 지사와 회담

한국 신각수 주일대사가 27일, 나가사키현을 방문해 나카무라 호도 지사와 회담했다. 독도 영유권을 둘러싼 긴박한 한일관계에 대해, 나카무라 지사는 '역사적으로 쓰시마가 양국의 중계역할을 담당한 경험도 있으니 양국관계가 개선될 수 있도록 도와주기 바란다'고 했다. 이에 대해 신각수 대사는 '한일관계는 어려운 면은 있지만, 장기적인 안목에서 보면 좋은 방향으로 착실하게 진전되어 왔다. 이웃나라로서 관계를 발전시켜 나갈 것임에는 틀림없다'고 말했다.

신대사가 나가사키를 방문한 것은 작년 6월 취임 때부터 지속되어 온 전국 자치단체방문의 일환이라고 한다.

2012. 8. 28. 조간 외보
(지구24시) 한국의 말뚝테러, 일본인의 범행으로 단정

서울에서 일본군 위안부 문제를 취급하는 '전쟁과 여성의 인권박물관'에서 '독도는 일본고유의 영토'라고 일본어로 쓰인 말뚝을 설치한 문제로, 한국당국이 일본인 남자 2명에 의한 '범행'이라 단정하고 입국금지조치를 취했다고 수사관계자가 27일 밝혔다. 다시 한국에 입국하면 출입국 관리법 위반의 혐의로 체포된다고 한다.

2012. 8. 28 총합
발신록 27일

◆ 마스조에 요이치 신당개혁대표

독도, 센카쿠 일본의 주권이 침해되는 심각한 사태가 벌어지고 있습니다. 중일관계에 대해서는 '전략적인 호혜관계'로, 한일관계에 대해서는 '미래지향'이라는 주문처럼(지금까지 수뇌회담 등에서) 말하면 끝나는 느낌이었습니다. 이런 언어의 엄중함이 완전히 없어진 것이 현 상황입니다. 어떻게 하겠습니까?(참의원 예산위원회에서, 노다 수상에게)

2012. 8. 28. 조간 오피니언
(聲) 서미트 개최, 情과 理의 외교를

◆ 회사원 후지타 겐이치(니이가타시 니시구 62세)

독도 영유권을 둘러싸고 노다 요시히코 수상이 한국의 이명박 대통령에게 보낸 친서를 한국 정부가 되돌려 준 사안에 대해, '한일관계 험악하게'라는 보도가 전해진다. 센카쿠열도에서도 상륙한 홍콩 활동가의 체포에 관해 중국 국내에서 반일감정이 높아지고 있다고 한다.

해양 자원 문제 등을 배경으로, 한중 양국에서도 지도자 교체를 앞두고 있는 만큼 내셔널리즘 대두가 우려된다. 친서라고 하면 태평양 전쟁 개전직전, 미국 루즈벨트 대통령이 쇼와 왕에게 보낸 친서가 생각난다. 친서가 진주만 공격 25분전에 궁에 도착해 전쟁을 회피하려했던 것은 역사적 사실이다. 그만큼 왕이나 국가원수의 친서는 무거운 의미를 갖고 있다.

이번 사태의 진정을 위해 제3국의 입장에 있는 영국, 오스트리아 등의 중개를 통해 미국을 포함한 이 지역에 관계된 여러 국가들의 긴급 서미트를 제안한다. 극동아시아를 분쟁지역으로 만들어서는 안 된다.

부총리를 역임한 고(故) 고토다 마사하루씨는 그의 만년의 저작에서 '정치에는 정(情)과 이(理)가 필요하다'고 역설했다. 외교에도 통용하는 경구다. 理로 상대를 설득하되, 상대에 대한 情을 잊지 않는다. 서미트에서 평화국가를 국시로 하는 일본으로서 情과 理의 외교를 기대한다.

2012. 8. 29. 조간 오피니언2
(者記有論) 히가시오카 도루 '한일관계 일본의 노력을 이해해 주길 바란다'

한국 이명박 대통령의 테가 벗겨져 버렸다. 독도를 방문하고 일왕 방한 조건으로 사죄를 요구하고 노다 요시히코 수상으로부터의 친서도 돌려보냈다.

이미 MB의 임기 중에 한일관계를 개선시키긴 불가능하다. 12월에는 한국 대통령선거가 있으며 한일관계 또한 쟁점이 될 것이다. 이때 한국 국민들은 전후 일본을 바라봐 주길 바란다.

MB는 독도에서 경비대를 격려하고 '목숨을 바쳐 지키지 않으면 안 된다'고 말했다. 9월 7일부터는 방위 훈련이 시작된다고 한다. 일본

헌법은 국제 분쟁을 군사력으로 해결하는 것을 금하고 있기 때문에 무력으로 독도를 빼앗을 수는 없다. 그래서 일본 정부는 독도 영유권 문제를 평화적으로 해결하기 위해 국제사법재판소 제소를 제안했다.

단, 한국은 일본의 평화헌법을 충분히 이해하고 있는 것일까? 2010년에 공표된 한일역사 공동연구 보고서에서 한국 교과서에 헌법 9조등에 관한 기술 등이 없음을 일본 측이 지적했다.

위안부 문제도 마찬가지다. MB는 15일 연설에서 일본 정부에게 '책임 있는 조치'를 요구했지만 일본 측이 지금까지 수수방관 했던 것은 아니다.

일본 정부는 1965년 청구권협정에 의해 해결이 끝났으며 다시 국가로서 개인 보상은 할 수 없다는 입장이다. 그래도 뭔가 보상하려는 관계자의 노력으로 생겨난 것이 '아시아여성기금'이었다. 기금은 95년에 정부주도로 만들어져 전 위안부에게 국민의 모금에 의한 '보상금'과 수상의 '사과 편지'를 보냈다.

기금은 2007년에 해산됐지만 디지털기념관이 있다. 꼭 읽어봤으면 하는 부분은 '일찍이 군인이었는데, 군인연금의 일부를 기부합니다', '일본인으로서, 인간으로서 사과드립니다. 그 전쟁을 모르는 27살 젊은이로부터'라는 모금에 응한 사람들의 메시지다.(http://www.awf.or.jp)

나는 지난 5월, 서울에 생긴 위안부 문제에 관련된 박물관을 견학했다. 기금의 '보상금' 사업에 관해 '많은 생존자가 "모욕감"을 느끼고 마지막까지 수취 거부'라고 설명되어 있었다. 마음이 담긴 보상금이 '모욕'이라 여겨지는 것이 안타까웠다.

일본도 과거를 반성하지 않으면 안 되지만, 한국은 여전히 일본이 사죄도 반성도 하지 않는다는 굳어진 견해가 존재한다. 이러한 견해는 한일 화해를 어렵게 만든다. 전후 일본의 노력을 이해해 주길 바란다.

2012. 8. 29. 조간 교육
뉴스로 Q !

최신뉴스 퀴즈입니다. Q1(　　　) 에는 기상에 관한 국제연합기관이, Q2(　　　)에는 국가원수나 수뇌가 상대국 원수들에게 보낸 편지가 들어갑니다.

Q1 세계적인 식량가격 앙등을 초래한 가뭄을 둘러싸고, (　　　)은 2013년 3월에 주네부에서 각료급회합 개최를 발표했다. 개발도상국을 포함한 조기경계시스템이나 농가에 대한 보상기금 설립과 같은, 사전에 가능한 대책을 협의한다. 가뭄에 대한 각료급 국제회의는 처음이라고 한다.

Q2 노다 요시히코 수상이 한국 이명박 대통령에게 보낸 (　　　)에 관해, 한국정부가 등기우편으로 반송했고, 외무성은 이를 받았다. (　　　)는 대통령의 독도방문에 관해 '유감의 뜻'을 전하는 내용이었고, 한국 측은 '다케시마'라는 단어가 들어있다는 이유로 이를 반송했다.

【답】 Q1　세계기상기관(WMO)　　　Q2　친서

10. MB의 독도방문 특집 기사(10)

2012. 8. 30. 조간 오피니언
(社說餘滴)이나가키 고스케, 올림픽은 정치의 하수인이 아니다

왠지 뒷맛이 씁쓸한 결말이었다.

8월 10일 런던올림픽의 축구 남자 3위 결정전, 한국과 일본의 라이벌 대결이었다.

이날, 한국 이명박 대통령이 독도를 방문했다. 시합 후, 승리한 한국 선수 한명이 '독도는 우리 땅'이라고 쓰인 종이를 들어 올린 퍼포먼스에서 정치대립의 연장과 같은 험악한 인상만이 남았다.

하지만 현지에서 취재하고 있었던 나는 그와는 다른 공기를 감지했다.

시합 종료 후, 선수들은 모여들어 건투를 칭찬하고 최근까지 J리그에 있었던 한국선수는 과거 팀 메이트와 유니폼을 교환하고 있었다. 그런 그들에게 쌍방의 서포터들도 박수를 보냈다.

2002년 월드컵 공동 주최로부터 10년이 흘렀다. 한일 축구의 유대는 착실하게 이어져 왔다.

이번 올림픽에서 한국 팀을 이끈 홍명보 감독은 오랫동안 J리그에서 활약했고, 그 인연으로 일본인 코치를 초빙했다. J리그에 재적한 한국인선수는 대충 50명에 이른다.

'올림픽 4강에 한국과 일본이 진출한 것 자체가 훌륭하다'고 어떤 한국인 서포터가 말한 것처럼 서로 자극하는 라이벌 존재는 서로를 보다 더 강하게 만든다는 동기부여가 된다.

우둔하게도 나는 선수가 들어 올린 종이를 보지 못하고 이러한 내용을 스포츠면 칼럼에 실었다.

다음날 문제가 표면화되면서 그 원고는 날아가 버렸지만 그날 밤 기자석에서 느낀 감회가 틀렸다고는 생각지 않는다.

정치와 올림픽과의 관계는 참 성가시다. 정치가 자국민의 내셔널리즘을 부추기려고 할 때, 올림픽만큼 간단하게 쓸 수 있는 도구도 없다. 그래서 올림픽 헌장은 경기장에서의 정치적인 선전을 금지하고 있다.

한국축구협회가 종이를 들어 올린 선수의 행동에 대해 '두 번 다시 이런 일이 일어나지 않도록 하겠다'는 문서를 일본 측에 보낸 것은 올림픽정신에 비추어 당연한 처사였다.

하지만 이런 처사가 한국에서 '사죄문'이라는 비판을 받고, 협회회장이 국회에서 해명했다. 유감스러운 일이다.

4년 전 북경대회. 개회식 당일에 군사적으로 충돌한 러시아와 그루지아 선수가 사격에서 은메달과 동메달을 따냈다. 두 선수는 시상식에서 끌어안고 이렇게 말했다.

'어떤 일도 우리들의 우정을 깨뜨릴 수는 없다'

이런 드라마 같은 일이 생길 때마다 생각한다. 그래, 올림픽은 정치의 하수인이 아니다.

2012. 8. 30. 조간 총합
독도 · 센카쿠 참의원도 항의결의

참의원 본회의는 29일, 한국의 이명박 대통령이 독도에, 홍콩 활동가들이 센카쿠 열도에 방문한 것에 항의하여 각 섬을 '일본 고유의 영토'라고 확인하는 결의를 채택했다. 참의원 본회의에서의 결의는 센카쿠열도 관련은 처음이며, 독도 관련으로는 한국이 이승만 라인으로 독도를 차지한 다음 해인 1953년 이래 두 번째다.

2012. 8. 30. 조간 사회
한국 정부 조직 '일본 강제 동원 기업'공표

한국 국무총리 직속조직이 29일, '일본 강제 동원 기업'299사(社)의 리스트를 공표했다. 한국에서는 독도나 위안부문제 등으로 역사 문제에 관심이 높아지고 있으며, 의원이나 징용된 사람들의 유족으로부터 입찰배제를 요구하는 목소리도 나오고 있다.

리스트는 일본에 의한 징병·징용의 실태를 조사하고 있는 위원회에서 작성하였다. 조선반도 출신자를 일본의 공장이나 광산 등에서 강제 노역시킨 1494사(社)중, 현존하는 299사(社)를 정리했다. 미츠비시(三菱), 미츠이(三井), 스미토모(住友) 등 전전(戰前) 구(舊)재벌 관계 기업 외 대형건설, 전기, 자동차 등의 대기업이 포함되어 있다. 한국에서 사업 활동을 하고 있는 기업도 많다고 한다.

29일은 1910년 한일병합조약이 공포된 날이다. 국회의원과 유족들은 서울 일본대사관 앞에서 기자회견을 갖고 일본기업에 의한 자발적인 '사죄와 보상'을 요구했다. 이명수 의원(자유선진당)은 '자발적인 사죄와 보상이 없으면 제품의 불매운동도 할 것이다'고 말했다.

2012. 8. 30. 조간 스포츠
한국 축구 협회, 메시지 문제의 박종우 선수 대표 선출

한국 축구 협회는 29일, 9월에 실시되는 W컵 브라질대회 아시아 최종예선 A조 우즈베키스탄전에 출전할 대표 멤버를 발표하였고, 런던 올림픽 대표인 MF박종우 선수를 처음으로 선출했다.

박 선수는 일본과의 올림픽 3위 결정전 종료 후, 독도의 한국영유를 주장하는 메시지 카드를 들어 올린 것이 문제가 되어 동메달 수여가 보류되고 있다.

2012. 8. 31. 조간 총합
위안부 문제, 상호 양보할 수 없는 한일 – 이명박 대통령의 독도 방문이 계기

한국 이명박 대통령의 독도방문을 계기로 시작된 한일 양 정부의 비판접전에 의해 양국관계는 꼼짝 못하는 상황에 빠졌다. 원래 발단은 1년 전, 한국 헌법재판소가 구 일본군 위안부문제에 대해, 한국정부의 부작위를 위헌이라 결정한 데로 거슬러 올라간다.

2011년 8월 30일, 헌법재판소는 전 위안부에 대한 보상을 둘러싸고 한국정부가 일본정부 측과 해결을 위한 노력을 하지 않은 것은 '피해자들의 기본적 인권을 침해하는 헌법 위반에 해당 한다'는 결정을 내렸다.

그리고 1년 후인 2012년 8월 30일, 한국 외교 통상부 보도관은 기자회견에서 '위안부 문제는 일본이 해결해야 할 문제이며 피해자가 납득할 수 있는 성의 있는 조처를 취해야 한다. 앞으로도 모든 방법을 동원해 문제 해결을 요구해 나갈 것이다'며, 해결의 책임은 일본 측에 있다고 재차 강조했다.

위안부란, 태평양 전쟁 중에 일본의 식민지 지배하에 있었던 조선 반도에서 중국 대륙이나 동남아시아 지역의 전쟁터에 보내져 군인들의 성 노예가 되었던 여성들이다. 한국에서 전 위안부 여성들이 나서서 일본정부에 대해 '사죄와 보상'을 요구하기 시작한 것은 민주화가 이루어진 1990년대 이후이다. 일본에서 소송을 했지만 기각 당했다.

일본 정부는 65년 한일청구권협정에서 구 일본군 위안부 보상 문제도 포함해 모두 해결이 끝났다는 입장이다.

양국 수뇌 레벨에서 위안부 문제가 크게 논의가 된 것은 작년 12월 한일 수뇌 회담이었다. 이 대통령은 '노다 요시히코 수상이 직접 해결의 선두에 서기를 바란다'고 요구했으나 노다 수상은 '법적으로 해결 종료'라는 입장을 거듭 표명하며, '인도적인 견지에서 지혜를 짜겠다'고 응수했다. 양국 정부는 수면 아래에서 '지혜'의 구체적 대책에 관해 협의했지만, '한일 쌍방이 서로 양보하여 의견을 접근시킬 수 있는 묘안은 그리 간단하게 찾을 수 없는' 상황이다.

한국 정부 당국자에 의하면, 금년 3월 일본 외무성의 사사에 겐이치로 차관이 방문했을 때, 전 위안부들을 '인도적인 견지에서 지원' 할 대안을 타진했고, 한국 정부가 관계자들에게 이를 제의했지만,

'공식적인 사죄와 배상'을 요구하는 지원 단체의 반발을 초래해 계획은 좌절되었다.

이 대통령도 7월 중순, 신각수 주일대사를 귀국시키고 인도적 지원을 주축으로 한 한국 측 '해결안'을 제시했다. 일본정부 측 반응을 살피도록 지시했지만, 일본 측은 받아들이지 않았다고 한다.

한국 정부는, 위의 협정에 근거한 제3국을 포함한 '중재위원회' 제안도 시야에 넣고 있다. 단, 한국 외교통상부 간부는 28일, 한국인 기자들에게 '적어도 당분간은 중재위의 제안은 없다. 일본 정국이 불안정하고 정세를 지켜보는 것이 효과적'이라고 설명했다. 하지만 실제 정부 내 전문가 사이에서도 '양국관계를 돌이킬 수 없게 된다'는 반대의견이 많아서 소극적인 상태다.

전 위안부를 지원하는 단체에 의하면, 한국 정부에 등록된 234명 중, 최근 1년간 9명이 사망했으며 생존자는 61명이 되었다.

● 일 내각, 고노담화 일관되게 답습 - 일본도 양보 고심

일본 외무성 간부는 이 대통령이 독도 방문의 이유로 위안부문제에 진전이 없음을 거론하는 문제에 대해, '영토문제와 역사인식의 문제를 동일선상에 놓은 논의'라며 강하게 비판했다.

위안부문제에 관해서는, 93년 8월에 고노 요헤이 관방장관(당시)이 발표한 '고노 담화'에서, 일본정부로서 처음으로 군 당국의 관여와 '강제성'을 인정하고 사죄하였다. 95년에 정부주도로 아시아여성기금을 설치하고, 전 위안부에게 국민 기부에 의한 '보상금'을 보냈다.

하지만 2007년 3월, 당시 아베신조 수상이 '강제성을 뒷받침할 만

한 증거가 없었던 것은 사실이 아닌가?'라고 기자단에게 말한 것을 계기로 논의가 재발했다. 아베 내각은 직후에 '군이나 관헌에 의한 강제연행을 나타내는 기술도 보이지 않는다'는 정부답변서를 각의 결정했다. 하지만 아베수상을 포함한 역대 내각은 일관되게 고노 담화를 답습한다는 견해는 바꾸지 않았다. 노다 내각도 '계승 한다'(겐바 외상)는 입장이다.

노다 수상은 8월 27일 참의원 예산위원회에서 '강제연행 사실을 문서로 확인할 수 없으며, 일본 측 증언도 없었지만, 소위 종군위안부 심문조사를 통해 담화가 만들어졌다'고 답변했다. 한편, 마츠바라 공안위원장은 위원회에서 '고노 담화의 존재를 각료 내에서 논의'하고 싶다고 제안해, 한국 측 반발을 초래했다.

■ 고노 관방장관 담화 93년(全文)

고노 요헤이 관방장관이 1993년 8월 4일에 발표한 담화의 전문은 다음과 같다.

소위 종군위안부 문제에 관해, 정부는 재작년 12월부터 조사를 진행했는데 지금 그 결과가 정리되어 발표한다.

이번 조사 결과, 장기에 걸친 그리고 광범위한 지역에 걸쳐 위안소가 설치되었으며 수많은 위안부가 존재했음이 인정된다. 위안소는 당시 군 당국의 요청에 의해 설치·운영되었으며 위안소의 설치, 관리 및 위안부 이송에 대해서는 군의 요청을 받은 업자가 주로 담당했는데, 그 경우에도 감언, 강압에 의한 등 본인의 의사에 반해 징집된 사례가 많았으며, 나아가 관헌 등이 직접 이에 가담한 사실도 있었음이 명백하다. 또한 위안소 생활은 강제적인 상황 하에서의 고통스런 날들이었다.

그리고 전쟁터에 이송된 위안부의 출신지에 관해서는, 일본을 제외하면 조선반도가 큰 비중을 차지하고 있었는데 당시 조선반도는 일본의 통치하에 있었으며 모집, 이송, 관리 등도 감언과 탄압에 의하는 등 모두 본인들의 의사와 반해 이루어졌다.

어쨌든 본 사건은 당시 군의 관여 하에 다수 여성의 명예와 존엄을 깊게 상처 입힌 문제다. 정부는 이 기회에 다시 그 출신지 여하를 불문하고 소위 종군위안부로서 많은 고통을 경험하고 심신에 걸쳐 치유하기 어려운 상처를 입은 모든 분들에 대해 진심으로 사과와 반성을 한다. 또한 그와 같은 마음을 일본으로서 어떻게 표현할 것인가에 대해서는 유식자의 의견 등도 널리 구하면서 금후에도 진지하게 검토해야 할 것이다.

우리들은 이와 같은 역사의 진실을 회피하지 않고 오히려 이것을 역사의 교훈으로서 직시해 나가고 싶다. 우리들은 역사 연구, 역사 교육을 통해 이와 같은 문제를 오랫동안 기억에 되새기고 같은 실수를 반복하지 않도록 굳은 결의를 다시 한 번 표명한다.

나아가 본 문제에 대해서는 일본에서도 소송이 제기되어 국제적인 관심이 모아지고 있으며 정부로서도 금후 민간 연구를 포함해 충분히 관심을 갖고 대처해 나갈 것이다.

■ 아베 내각 각의 결정 07년(요지)

2007년 3월 아베 내각에 츠지모토 기요미 중의원 의원이 제출한 질문 주의서와 각의 결정한 정부 답변서의 요지는 다음과 같다.

<질문주의서(국회위원이 내각에 질문하는 문서)>
아베신조 수상이 '당초 정의된 강제성을 뒷받침할 만한 증거는 없었다. 그 증거는 없었다는 것이 사실 아닌가?' 라고 발언하고 있는데, 그렇게 단정할만한 증거 조사를 언제, 어떻게 했는가?

<정부답변서>
'강제성' 정의에 관련한 위안부 문제에 관해서는 정부가 1991년 12월부터 93년 8월까지 관계자료 조사와 관계자로부터의 청취조사를 실시해 이것들을 전체적으로 판단한 결과, 고노 관방장관 담화와 같이 이루어졌다. 조사결과 발표까지 정부가 발견한 자료 중에는 군이나 관헌에 의한 소위 강제 연행을 직접 나타낼 만한 기술도 발견되지 않았다.

◆ 키워드

《아시아여성기금》

1995년 7월, 무라야마 정권하에서 발족되었다. 일본 정부는 각국과의 전시 배상 문제는 정부 간 결착이 끝났다는 입장으로 직접 배상은 할 수 없다고 했지만, 일본국민과 함께 '보상의 마음'을 나타내기 위해 기금 설립을 지원하고 기부를 호소했다. 모금액은 약 6억 엔으로 전 위안부 1인당 200만 엔의 '보상금'을 전달하는 사업에 착수했는데, 보상금 지급은 일부에 그치고 2007년 3월에 해산되었다.

제2장 산케이신문(産経新聞) 주요 오피니언 번역

1. 정론(正論)

2012. 8. 17. 도쿄기독대학교수 니시오카 츠토무
■ '독도에서 경제문제 링크 생각하라'

한국 이명박 대통령이 2012년 8월 10일, 독도 상륙을 강행했다. 한일 우호관계를 무너뜨리는 폭거라고 강하게 비난하고 싶다.

<<한일우호 정신을 짓밟았다>>

청와대 고관은 2012년 8월 10일, '일본정부는 방위요령 및 방위백서, 외교청서를 통해 독도에 대한 영유권을 계속적으로 주장하고 있으며, 초중고 검정교과서에서의 영유권 주장도 서서히 강화하고 있다. 이 이상 온건한 대처를 계속할 수 없다'고 독도상륙의 목적을 말한다.

대통령 자신은 8월 13일, '위안부문제에 관해 일본 같은 대국이 결정하지 않으면 해결할 수 없는데 국내 정치문제 때문에 정부가 소극적인 태도를 취하고 있으며 행동으로 우리의 불만을 보여줄 필요가 있다'고 독도방문 계기를 밝혔다.

일본정부가 독도를 일본령이라 주장하고 위안부문제로 보상하지 않기 때문에 대통령이 독도에 상륙했다는 것이다. 영토나 역사에 관한 인식은, 국가가 없다면 절대로 일치할 수 없다. 일본의 인식이 한국의 인식과 다른 것을 용인하지 않고 대통령이 일본인의 감정을 짓밟는 행동을 취하는 것은 한일우호 정신에 반하는 것으로 방치할 수 없다.

1965년 한일국교정상화 때, 독도문제는 마지막까지 현안으로 남았다. '양국간 분쟁은 우선 외교상 경로를 통해 해결할 것이며 이에 의해 해결할 수 없다면 양국 정부가 합의할 수속에 따라 조정에 의해 해결을 도모한다'는 내용의 외무대신 간 '분쟁해결에 관한 교환공문'을 확인하고 양국 주장의 차이를 사실상, 인정하고 국교정상화를 단행했다.

<<영토주장 약화시키는 무사안일주의 외교>>

　일본으로서는 영토를 불법으로 점거당하면서도 똑같이 미국과 동맹을 맺은 한국과의 국교가 냉전하 국익에 적합하다는 판단을 우선하여 양보한 것이다.

　그 이후, 일본의 독도정책은 일관된다. 즉 일본의 영토라고 주장하는 한편, 그것을 경제와 안전보장 등 다른 분야의 한일간 문제와 관련짓지 않는다는 정책이다. 이러한 입장에서 경제면에서 한국에 대해 여러 가지 지원을 했으며 안전보장 면에서도 재일미군기지가 조선유사시에 사용되는 것을 용인하며, 한국을 간접적으로 지원해 왔다. 단, 무사안일 외교의 결과, 영유권 주장 부분이 상당히 약화된 것은 진지하게 반성하지 않으면 안 된다.

<<상륙은 어리석은 자살골>>

　한국도 일본과 같은 양보와 지원이 많았고 박정희 정권, 전두환 정권, 노태우 정권까지는 독도경비와 시설을 증가하지 않고 현 상황을 유지해 왔다. 하지만 김영삼 정권이 되면서 국내의 인기를 위해 독도문제를 이용하는 정책이 채용되어 점차 시설이 만들어지고 경비대도 증강되었다. 그뿐인가, 일본의 독도영유권 주장에 대해 일일이 항의를 하게 되었다.

그 결과, 이 대통령에 의한 독도상륙이다. 한일관계 악화를 기뻐하는 것은 북한과 중국이라는 동아시아 2대 전체주의 정권이다. 북한의 김정은 체제가 불안정한 와중에, 한국의 안전보장과 남북자유통일을 위해 자유민주주의와 시장경제와 같은 가치관에 선 일본의 협력이 가장 필요한 시기다. 이 대통령의 행동은, '자살골'과 같은 어리석은 행동이라 말할 수 있다.

일본은 이에 대해, 3가지 레벨로 대항조치를 취해야 한다.
먼저, 인식 레벨에서는 이번 일을 역이용해서 일본 국내와 국제사회를 향해 독도는 역사적으로도 국제법상으로도 일본영토이며, 한국 점령은 불법이라는 캠페인을 관민이 협력해 전개해야 한다. 국제사법재판소에의 제소도 65년 교환공문에 근거한 형태로 당당히 행해야하며 영토문제를 전문으로 담당하는 정부조직도 시급히 가동해야 한다.

이 대통령이 위안부문제를 독도상륙의 이유로 들고 있는 이상, 역사인식 문제에서도 성적 노예라는 사실무근의 비방에 대해서도 국제적으로 반대 논리를 펼치는 것이 긴요하며 이를 위해 전문부서도 신설해야 한다.

둘째, 지금까지 독도문제와 경제문제는 일절 링크시키지 않았지만, 이후에도 한국 측이 인식일치를 요구하며 폭거를 지속한다면 경제 레벨에서도 예를 들면 스와프 틀의 공여 등에서도 일정한 검토가 필요할지도 모른다. 진중하게 그러나 한국 측이 알 수 있는 형태로 그것을 진행해야 한다.

　세 번째, 안전보장 레벨이다. 북한과 중국이라는 일본에게 있어서도 최대의 위협에 대해, 한국이 한미동맹의 틀 안에서 대항하고 있는 사이에 독도는 안전보장과 관련지어선 안 된다. 오키나와 미군 해병대가 유사시에 조선반도에서 전투에 돌입할 수 있도록 현재와 똑같이 일미동맹을 유지, 강화시켜야 한다. 단 만일의 경우, 한국에서 종북세력이 정권을 잡고 한미동맹이 해소되는 사태가 생긴다면 독도에 북한의 레이더기지가 생긴다면 그것을 저지하기 위해 자위대 활용도 생각해야 한다.

2012. 9. 12. 데쿄대학교수 시카타 도시유키
■ '자위대 없이 말할 수 없는 센카쿠 수호'

　한국 이명박 대통령에 의한 시마네현 독도 방문강행으로 곤란한 것은 한국 쪽이 아닐까. 연말에 선출된 한국 신정권은 상처 입힌 일본과의 관계수복에 굉장한 힘을 쏟지 않으면 안 된다. 한일관계는 경제뿐만 아니다. 한국 방위는 재한미국, 정확하게는 재한EU군과 그것을 배후에서 군사적으로 지지하는 일미동맹이 없다면 성립할 수 없기 때문이다. 이것은 세계의 군사상식이다.

　한편 대부분의 일본인은 중국인에 의한 주중국 일본대사에의 전대미문의 무례가 있어도 국기가 불태워지는 영상을 봐도 해상안보순시선에 벽돌이 던져져도 분노하지 않는다. 정부도 중국정부의 입장을 배려, 형식적인 항의를 할 뿐이다.

<<중국의 다음 수법을 경계하라>>

상대가 감정적이 되어도 냉정하게 대응하는 것은 '현명함'이라 국제사회에서 칭찬받을지 모른다. 그렇지만 이번엔 약간 상황이 다르다. 독도, 센카쿠 열도에 대한 연속되는 상륙사안을 계기로 일본에서는 60년 이상이나 계속되어 온 '사죄외교'를 졸업해야 한다는 국민감정이 높아짐과 동시에 영역방위능력을 강화할 필요성이 진지하게 논의되었다.

수상관저가 센카쿠 불법 상륙사건의 조기수습을 생각한 것이리라. 하지만 상대국에 약점을 잡혀선 마이너스가 크다.

중국은 노다 요시히코 정권의 반응을 보는 '탐색전'의 한가지로 당연하지만 다음 수법을 생각하고 있을 것이다. 훈련을 받아 어민으로 변한 수십 명의 공작원이 악천후로 표류해 인도적인 취급을 요구하거나 한 번에 몇 십 척의 어선이 며칠이나 조직적인 상륙을 시도할지도 모른다.

<<인민해방군 '3전 전략' 구사>>

해공군력의 증강을 배경으로 한 중국의 '센카쿠 훔침'은 일미동맹의 한순간의 허점을 찌르는 처사다. 그때가 올 때까지는 인민해방군 특유의 정치 전략인 '3전(법률전, 여론전, 심리전)'을 구사해 올 것이다.

'법률전'에서는 동남아시아 제국과 영유권을 다투는 남지나해 남사(스프란토리), 중사, 서사(파라세르) 제도를 포함해, '삼사시'가 되는 행정구를 설치한 것처럼 '조어(센카쿠의 중국명)시'를 설치할 수속을 취할 수 있다.

'여론전'에서는 이번에 한 것처럼, 주요도시에서 폭주화를 어느 정도 제어하면서 반일데모를 조직하고 미디어로 전 세계에 보여준다. '심리전'에서는 일미안보체제를 약체화시키기 위해 모든 일을 할 것이다. 예로부터 '싸우지 않고 이긴다'는 손자병법이다.

북방영토와 독도가 각각 군사력을 동반한 러시아와 한국의 실효지배하에 있는데 반해, 센카쿠열도는 일본이 실효지배하고 있다고 일본정부는 떠들지만 그 내실은 불안하다.

해상자위대의 P3C대잠초계함이 상공을 날고 있기 때문에, 해양안보 순시선이 센카쿠 주변 영해를 돌아다니고 있기 때문에 괜찮을까. 일본인이 정당한 이유로 언제든지 갈 수 있다는 것이 불가결하다. 우선 폭풍우가 불 때, 몇 척의 어선이 피난할 수 있을 정도의 접안설비를 구축하지 않으면 안 된다.

정부는 '센카쿠열도의 평온하며 안정적인 유지관리'를 위해서라고 칭하고, 국가 관계자 이외의 일본인에 대해서는 상륙허가를 내주지 않는다. 그것을 목적으로 국가가 센카쿠를 구입한다면 본말전도이다. 정부는 정당한 이유가 있는 일본국민의 상륙을 인정하는 불퇴전의 모습을 보여라.

<<해상경비행동으로 멈추지 말고>>

즉시 착수하지 않으면 안 되는 일이 많다. 해상안보에 이도(離島)에서의 체포권을 주는 해상안보청법 개정, 이유 없이 영해 안을 주회, 정박하는 외국배에 출입 검사 없이 처벌을 동반하는 퇴거명령을 내릴 수 있도록 외국선박 항해법 개정이 실현된 것은 높이 평가할만 하다. 법적 권한만이 아닌 해상안보 인원과 장비를 질과 양 모두 극적으로 강화하고 순시능력을 높일 필요가 있다.

해상보안에 의한 경찰행동으로 불충분한 경우, 해상 자위대의 해상 경비행동에 멈추지 말고 이행할 수 있도록 현장뿐만 아니라, 수상관저의 정보공유와 지휘통제능력을 미리부터 단련해 둬야 한다.

자위대 태세도 남서제도 각 섬에 소규모의 연안 감시팀을 상주시켜 강화한다. 어떤 이도(離島)가 외적에 점령당한다면 즉각 지체 없이 역상륙작전이 가능하도록 서방보통과연대(육상자위대의 일종)를 본격적으로 해병대화하여 수륙 양면의 장갑차량을 도입한다.

홋카이도의 육상자위대 부대를 규슈에 수송하는 '남서시프트연습(2011년 11월)'에서는 민간 고속 페리 '낫짱 월드'를 이용했지만 문제가 많았다. 해상자위대에서는 육상자위대의 수륙양면 장갑차량을 탑재해 날아갈 수 있도록 신형 헬기 탑재 호위함을 건조하고 배치할 것, 공군자위대에서는 남서항공단 2개 비행대회를 앞당겨 실시할것, 그리고 F35전투기 도입 페이스를 가속화시키는 것이다.

통합레벨에서는 남서제도 방위 통합임무부대를 상설화하고 미군과의 경계감시와 정찰활동에 있어서의 일미공동훈련을 항례화하는 것이 중요한 과제이다.

2012. 9. 14. 일본재단회장 사사가와 요헤

■ '미얀마에서 외교 정립을'

민주화가 진행되는 미얀마에 대해, 정부는 '관민연계 테스크포스'를 가동해, 본격적인 지원태세를 갖추었다. 연약한 외교가 지적되는 일본정부로서는 이례적인 적극책으로, 테인 세인 대통령도 최대도시 얀곤 근교의 경제특구 '티라와'개발을, 양국의 공동기업체로 추진할 의향을 표시하는 등 환영의 자세를 표명하고 있다.

때마침 이명박 한국 대통령에 의한 시마네현 독도에의 강행상륙이나 천황폐하에 대한 사죄요구 발언, 그리고 홍콩 활동가에 의한 오키나와, 센카쿠 열도에의 부정 상륙으로, '외교력' 강화를 요구하는 소리가 높아지고 있다. 미얀마 외교가 일본외교 정립의 출발점이 되기를 강력히 기대한다.

<<민주화의 열쇠는 민족통일>>

테스크포스는 외무, 재무, 국토교통 등 관계부처 외에 국제협력기구(JICA)나 일본무역진흥기구(JETRO), 비정부조직(NGO)등으로 구성되어 일본재단도 일익을 담당한다. 이것과 별개로 티라와 개발도 같은 테스크포스가 가동되어 2개의 테스크포스를 양바퀴로 관민일체의 지원이 전개되었다.

미얀마는 중국, 인도, 타이 등과 인접. 인구 6200만. 그중 70%를 차지하는 버마족 외에 130여개의 소수민족이 근교 산악지대에 살며 지금도 일부 지역에서 정부군과의 항전이 이어진다. 소수민족과의 화해가 없이는 통일 민주화는 있을 수 없으며, 세인 대통령, 민주화운동지도자 아웅산 수치 씨 또한 소수민족대책을 가장 중요한 과제로 든다. 화해실현을 위해서는 '평화의 과실'을 실감하는 것이 첩경이다. 산악의 소수민족지역을 중심으로 군정시대부터 한센병 제압이나 학교건설에 착수해온 일본재단도 협력하며, 필자도 일본 외무성에서 '미얀마 소수민족 복지향상대사' 위촉을 받았다.

세인 대통령으로부터 강한 요청이 있었던 동부 태국 국경 근처의 카인주를 중심으로 프로젝트를 진행해 일본정부가 실시하는 인프라의 정비 등 본격사업의 선발대 역할을 다하고 싶다.

<<ASEAN 중핵적 존재로>>

국제통화기금(IMF)에 의하면, 미얀마 국내총생산(GDP)은 현재 세계 74위. 풍부한 광물, 식량, 인적 자원에 인도양 출구에 위치한 지정학적 중요성도 있어 아시아개발은행(ADB)은 금후 10년간 최대 8%의 경제성장을 계속하면 2030년에는 GDP가 3배가 될 것이라 예측한다. 머지않아 약진하는 동남아시아제국연합(ASEAN)의 중핵적 존재가 될 것이라 확신한다.

일본과의 관계도 양호하다. 전시배상을 하루빨리 서둘러 구 일본군이 들어간 많은 나라처럼 반일교육도 받아들이지 않고, 전후 식량난 시절 일본에 우선적으로 쌀을 수출했다. 올 7월에는 세인 대통령이 각국의 공작을 뿌리치는 형식으로 티와라 개발의 파트너로 일본을 선택했다.

티와라 경제특구는 전체 2400헥타르, 도쿄 치요다구. 중앙 양구의 합계면적을 상회한다. 다웨이 항만건설이 난항하는 중, 세계가 주목하는 중요사업으로 전력과 수도, 다리 등 인프라는 일본이 정부개발원조(ODA)로 정비한다. 선행한 중국 등에 경제개발이 기울어지는 것을 피할 목적도 있지만 오랫동안 일본 진출을 추구해온 대통령의 강한 열의가 결정적이었다.

<<강인함이 필요>>

　북방4도, 독도, 센카쿠 열도를 둘러싼 일련의 움직임은 말하지 않는 '배려외교'의 한계를 나타낸다. 이탈리아 르네상스기의 정치이론가 스캐베리는 '겸양의 미덕을 가지고 있다면 상대의 존대함을 이길 수 있다고 믿는 자는 실수를 범하게 된다'고 갈파했다. 새로운 발상에 서서 '혐일', '반일'보다 '친일'색이 강한 우호국과의 관계야말로 무엇보다 우선적으로 강화되지 않으면 안 된다.

　한일관계의 미래를 닫아버리는 이 대통령의 언동에 어떤 계산이 있었는지 모르겠지만 외교세계에 예측치 못한 사태는 생긴다. 시대에 맞는 강인함과 견고함이야말로 요구된다. 미얀마외교는 그 시금석이 될 수 있다.

2012. 9. 20. 쓰쿠바대학대학원 교수 후루타 히로시
■ '거짓도 우기면 횡재'의 세계

　이번에 동아시아 제국의 일련의 정치행동에 의해 우리 일본인이 납치(북한), 섬 도둑(한국), 해적(중국)이라는 국가군에 둘러싸여 있다는 사실이 점점 명백해지는 것 같다.

<<'대일승전'의 환상을 추구하며>>

　나는 2005년에 "동아시아 '반일'트라이앵글"(文春新書)를 집필한 이래, 결국 그와 같은 위기에 직면한 것이라 본 지면을 통해 계속 경고해왔다. 이들 여러 나라는 자기절대주의인 중화사상에 내셔널리즘

이 중층적이다. 따라서 중세에는 근경에 있는 일본의 번영을, 중화라는 시점에서 바라보고 영원히 기분 좋게 생각지 않는다. 내셔널리즘이 반일이라는 형태를 취하고 전통의 지층에서 뿜어 나오는 것이다.

전후 독립에도 문제가 있었다. 일본군과 싸우지 않고 미국에 의해 해방된 나라(한국), 약간 게릴라전을 했지만 대패하고 소련의 허수아비가 된 나라(북한), 다른 무리가 일본군과 싸우고 있는 사이에 산에서 영기를 키우고, 전후에 그 이전의 싸우던 이들을 몰아내고 독립한 나라(중국)가 있다.

이들 여러 나라는 일본에 승리했다는 위조역사가 없이는 국민적 소설을 만들어 낼 수 없다. 앞으로도 끊임없이 일본과 싸우고 있다고 국민에게 어필하기 위해, 일본주권을 침해하고 계속 침략하리라 과거에 내가 기록했다(09년 5월 8일자 정론'부끄러운 나라에 살고 있지 않은가').

한국 이명박 대통령은 섬 도둑으로 땅에 내려와 이렇게 말했다. '일왕이 한국을 방문하고 싶다면 한국의 독립 운동가들에게 사죄하라. 통석의 념이라는 말뿐이라면 오지 않아도 된다'. 조선의 중화사상은 중국이라는 호랑이 위엄을 빌린 여우의 '소중화사상(小中華思想)'인데 일본을 모욕하고 싶은 열의가 넘치고 있음을 알 수 있다.

여기서 사죄를 요구하는 독립운동가란, 작년 9월 2일에 서울역 앞에 건립된 강우규 같은 인물을 가리킨다. 19세기 말, 이씨 조선은 대기근으로 많은 유민이 만주나 연해주로 흘러들었다. 강우규는 구학문의 사람, 한방 약재상이며 크리스천. 김일성의 아버지와 같은 경력이다. 일본이 초래한 신학문에 편승하지 않고 만주와 연해주를 왕래했다.

<<'독립운동'의 정체란>>

 한일병합 후, 우라지오스톡 신한촌 노인단 길림성 지부장이 되어 일본의 요인암살을 결의, 러시아인으로부터 영국제 수류탄 1개를 구입, 경성에 잠입했다. 사이토 미노루 총독의 부임때 마차에 수류탄을 던졌지만 암살에 실패, 가담한 신문기자와 수행원, 경관 등 37명의 사상자를 냈다. 그 중에는 총독부 정무총감, 만철 이사, 미 뉴욕시장의 영애도 포함되어 있었다. 1920년 사형에 처해졌다. 전후 62년에 건국훈장, 대학민국장이 추서되었다. 동상은 모금활동과 정부지원금을 합쳐 약 6000만 엔을 들여 세워졌다. 한복을 입고 수류탄을 던지는 모습이다.

 나라를 버린 폭탄범 테러리스트를 영웅화할 정도로 이 나라는 영웅에 굶주려 있다. '위안부'들에게 군의 강제를 관련시켜 동상으로 숭상하는 거짓도, '거짓도 우기면 횡재'라는 그들 사회의 통념에 의해 만들어졌다. 납치도 센카쿠, 독도와 똑같다. 거짓말도 우기면 그와 같이 되리라 믿는다. 특정 아시아제국은 이런 사회통념 때문에 근대적인 신용사회 형성에 실패했다고 볼 수 있다.

<<한중과 북한의 '악'을 눈감지 말라>>

 전후 일본에서 한국과 중국은 일본 침략 때문에 피해를 입었다. 그래서 일본의 '악'에 대해 한국과 중국의 좌파지식인들은 '정의'라는 단순한 '선악의 2항 대립' 구도를 확산시켰다.

 일본이 '2미터급 악'이라면, 중국의 티벳 침략은 '1미터 정도의 악'이다. '중국이 핵무장했다고 해서 일본의 대중전쟁 책임이 상쇄될 리는 없다'(사카모토 요시가즈 '일본외교의 사상적 전환-한일제휴에 있어서의 미중대결'="세계"66년 1월호) 이후 지구시민의 창도자가 말한 것도, 지금은 그들의 기획을 잘 보존한 자료가 되고 있다.

이와 같은 사람들이 지금 다시 시민파 신문에서 다음과 같이 중얼거린다. '독도문제로 한국이 국제사법재판소에의 공동제소에 응하지 않는 이유는, 일본의 역사적 책임감 결여에 있다' '일본에는 전중 아시아 침략을 잊고 싶다는 사회심리가 있다. 괘씸한 중국, 괘씸한 한국이라 소리 높여 외치며 불안을 잊으려 한다'등의 논조가 있다.

하지만 그들의 구도를 빌린다면 특정 아시아제국의 악은 이미 2미터를 초과했다. 일본인을 납치하고 일본 섬을 빼앗고 남쪽바다와 동쪽 바다도 인해전술로 메우려 한다. 일본의 원수를 모욕하고 일본대사 공용차 깃발을 훔치고 일본 공장과 백화점을 관제데모로 손에 닿는 대로 파괴, 침략한다.

'거짓도 우기면 횡재' 라는 점에서 이들 제국은 일본 좌익지식인들과 크게 다르지 않다.

2012. 10. 1. 도요학원대학 교수 사쿠라다 준
■ '무위도식' 정권을 용서할 여유는 없다

'도대체 어디까지 카틸리나, 우리들의 인내를 시험할 작정인가. 그 광기 같은 너의 행동이 언제까지 우리를 우롱할 수 있을까. 어디까지 너는 방종한 뻔뻔스러운 태도를 과시할 생각인가'

이것은 고대 로마공화제 말기, 키케로가 행한 유명한 '카틸리나 탄핵연설'의 서두에 나오는 구절이다.

<<일본의 인내를 우롱하는 한중>>

이 연설 안에 '카틸리나'를 '후진타오'(중국정부)나 '이명박'(한국정부)로 바꾸면 그것은 현재 한중 양국과의 '영토'마찰을 목격한, 많은 일본국민의 감정을 대변하는 언어가 될 것이다.

미국 신문 워싱턴 포스트(9월21일자)가 '중국이 융성함에 따라 일본은 우(右)로 기운다'는 제목의 기사 안에서 '제2차 세계대전 이후, 가장 도발적'이라 평한 현재 일본의 한중양국에 대한 자세에는 이러한 일본국민의 감정이 반영되어 있다. 한중 양국 정부는, 일본의 동정을 '우경화'나 '군국주의 부활'이라는 언사로 비판할지도 모른다. 하지만 일본이 그들의 언어에 있는 '우경화'를 진행한 후에 어떤 모습이 될까.

만약 일본이 예를 들면 헌법개정을 실현, '자위대'를 '국방군'으로 바꾼 다음, 안전보장지출을 현행 2배의 대 GDP비 2%까지 계상하게 됐다고 치자. 그러나 그것은 영국과 독일 양국처럼 미국에 있어 북대서양조약기구(NATO)동맹국과 동등한 레벨로 안정된다는 이야기를 의미한다. 일본이 일미안보체제를 견지하고 EU가맹국으로서의 입장을 지키는 한 그러한 영역에 머무를 수밖에 없다.

<<센카쿠도 독도도 강화조약에 의존>>

원래 샌프란시스코 강화조약에 의한 '독립' 회복 후, 일본의 대외정책의 기조는, EU헌장, 일미안전보장조약, 그리고 핵확산방지조약(NPT)처럼 기존 국제질서에 맞추어진 '합의의 축적'을 존중하는 데 있었다.

한중 양국과의 '영토'마찰에 관해서도, 독도는 '샌프란시스코 강화조약으로 일본이 포기할 것을 요구받지 않은 영역'이며, 센카쿠 열도는 '샌프란시스코 조약 결과, 시정권이 미국으로 옮겨져 오키나와 반환협정에 의해 일본에 돌아온 영역'이다. 일본은 결국 샌프란시스코 강화조약을 포함한 기존의 국제질서 존중 위에, 스스로의 주장을 전개해 왔던 것이다.

따라서 한일 양국의 '역사인식'이 얽힌 대일비판에는, 일본이 '보통국가'로 탈피하는 것을 통해 안전보장상의 존재를 확장해 나갈 사태를 방지한다는 고려가 작용하는 것은 냉정하게 확인해 둘 필요가 있다.

그럼, '도대체 어디까지 우리들 인내를 시험할 셈인가'라는 세상의 감정은, 실은 현재 일본의 '통치' 그 자체에 향해있음을 유의해야 할 것이다. 과거 노다 요시히코 수상이 민주당 대표 선거에서 재선된 후에, 내각개조를 단행하려 한 것은 그가 계속해 정권운영에 의욕을 갖고 있음을 나타낸다.

<<안보, 경제, 부흥의 3중 악정(惡政)>>

그렇다면 민주당 주도정권 그 자체의 지속은, 어떠한 정책실적으로 뒷받침될까. 예를 들면, 뉴욕 다우지수 평균은, 9월 하순 시점에서 1만3600달러를 넘었다. 그건 2007년 5월 이후의 수준이다. 만약 리먼 쇼크 이후, 닛케이 평균주가가 다우평균과 똑같이 돌아왔다면 지금쯤 2007년 5월 시점의 1만 7800엔 전후에 이르렀을 것이다.

9000엔 전후로 정체한 '현실'이란, 실은 8700엔의 격차가 있다. 이 '8700엔' 격차야말로, 실은 민주당주도 내각 3년의 정권운영에 대한 평가다. '정권교체'전야, '민주당내각 발족 1년 후에 닛케이평균은 1만3000엔을 넘는다'고 기대를 부추긴 미디어도 있었기 때문에 '주가'가 '정권평가'의 지표로서 적합하지 않다는 비판은 합당치 않다.

'정권교체'직후 2009년 9월 시점의 1만 500엔 조차, 현시점에서는 도달하지 못했다. 이러한 경제정책운영 실적으로 비판할 뿐이라면 민주당 주도 정권의 지속에는 이미 합리적 근거는 없다. 안전보장, 경제운영, 나아가 지진부흥에다 민주당 주도정권의 '무위도식'을 용서할 여유는 대다수 일본국민에게는 없다.

그리고 자민당 총재선거에서는 아베신조 씨가 새로운 총재로 선출되었다. 또한 아베 씨도 '도대체 어디까지 우리들의 인내를 시험할 작정인가'라는 말의 의미를 확인하는 것이 총재로서의 임무의 첫걸음가 될 것이다.

일본국민의 '인내'는 동일본대지진에서도 세계인들이 경탄한 미덕이다. 단, 정치가는 그 '미덕'에 기대서는 안 된다.

2012. 10. 19. 일본재단 회장 사사가와 요헤
- **'새로운 북극해, 시급한 국가전략을'**

북극해에 대한 관심이 높아지고 있다. 여름의 해빙면적은 20세기 후반의 절반 정도까지 줄어들고 항로뿐 아니라 해저에 잠든 방대한 원유와 천연가스 개발도 시작되고, 미국과 러시아 연안국은 '북극동은 통과 불가능'을 전제로 한 과거의 군사전략 검토에 들어갔다.

이에 대해 일본은 학술연구에선 앞서지만 항로나 자원 확보를 향한 대처는 후발인 중국과 한국에 크게 뒤진다. 센카쿠 열도나 독도문제에 관심이 집중되고 있는데, 북극 이용이 높아지면 새로운 시렌(해상교통로)의 방위와 국제해협인 쓰가루해협의 관리 등 새로운 과제도 생긴다.

관계부처가 국토교통이나 외무, 총무, 방위 등 10을 넘는 종적행정으로 국가로서 북극해 전략의 요강을 내세우긴 어렵다. 해양기본법 성립(2007년)에 따라 관저에 설치된 '총합해양 정책본부'야말로 사령탑이 되어야 한다. 본부장인 노다 요시히코 수상이 선두에 서서 새로운 북극해와 마주보길 바란다.

올 여름, 북극해 얼음 면적은 341만 평방킬로미터로 과거 30년간 최소를 기록했고 20-30년 후의 여름에는 얼음이 모두 자취를 감춘다는 견해가 강하다.

북극항로는 15세기 대항해시대에서 꿈의 항로로 주목되어, 극동아시아와 유럽의 거리는 수에즈운하, 말라카해협을 통과하는 남쪽항로와 비교해 40%나 짧다. 소말리아해 해적문제와 같은 불안정한 요소도 적고 원유나 천연가스 추정매장량도 세계 매장량의 20%를 넘는다. 일본은 남쪽 항로 대체뿐만 아니라, 에너지자원의 태반을 중동에 의존하는 불안정한 상황을 해소할 중요한 해역이기도 하다.

평화이용을 정한 남극조약 같은 국제적인 규제는 없고, 미국이나 러시아, 캐나다, 덴마크, 노르웨이 연안 5개국에 아이슬란드, 핀란드, 스웨덴을 더한 8개국이 직접 이해국으로써 '북극평의회' 구성, 북극해 관리국 법률을 만들어, 영국, 독일, 프랑스 등 6개국도 상임 옵서

버로써 참가한다. 일본도 2009년에 옵서버참가를 신청했는데 이탈리아, 중국, 한국과 함께 평의회가 오케이 한 회의에만 참석할 수 있는 에드 호크 옵서버 입장이며 정식 옵서버 자격취득이 시급하다.

중국이나 한국은 대학과 연구기관의 조사, 관측활동은 일본보다 뒤처졌지만 그 후의 대응은 훨씬 적극적이다. 특히 중국은 8월 쇄빙선으로 북극해를 첫 횡단, 귀로는 러시아 해를 통과하는 북동항로, 캐나다해의 북서항로와 다른 제3의 중앙항로 통과에 성공했다. 아이슬란드와 그린란드에의 외교공격, 연구소 건설 등 국가의지의 강인함에는 놀랄만하다.

<<쇄빙능력 조사선, 한중은 보유>>

일본을 방문한 노르웨이 수상에게 북극해 공동개발연구 제의가 계기가 되어 "도전적인 꿈의 기획"으로 러시아와도 협력해 3개국이 실시했다. 현재 일본에는 한중 양국이 보유한 쇄빙능력이 있는 조사선도 없다. 왜 이렇게 뒤처졌는지 유감이다.

정부는 8월 국토교통부 내에 북극항로 이용을 위한 검토회를 가동했다. 허브항이나 빙해항행용 선박 정비, 전문기술을 갖은 선원 육성 등 과제도 산적해 있다. 정치, 경제가 혼미하다고 하지만 선택지가 없는 건 아니다. 중요한 건 의지의 문제다. 쇄빙조사선도 일단 남극관측선 '시라세'를 북극해조사에 활용할 수 있도록 운용목적을 변경하면 된다.

<<무엇보다 대러시아 관계 중시>>

오히려 극동러시아에서 북극해에 가장 가까운 장소에 위치한 나라로서 안전보장 검토야말로 시급한 임무다. 러시아는 원자력 잠수함과 쇄빙선 건조를 서두르고 미국도 '해빙한 북극해에 있어서의 해군작전'입법을 서두르는 등 각국의 움직임도 바쁘다. 일본만이 방관하고 있어서는 안 된다.

같은 동아시아의 중국이나 한국과의 협조와 같은 새로운 질서창출을 빼놓을 수 없지만 무엇보다 중시해야 하는 것은 극동최대의 연안국인 러시아와의 관계다. 러시아에 있어 앞뜰이라 할 수 있는 북극해항로, 자원의 확보는 국가의 생명선이며, 일본이 적극적으로 착수하면 러시아의 이해와도 맞을 수 있다.

일본은 전통적으로 북쪽 바다에 대한 관심이 적다고 하지만, 국민의식은 정치 양식에 따라 변한다. 강한 외교야말로 난항하는 북방 4도 문제를 전진시킬 수 있는 계기가 된다.

2012. 10. 24. 홋카이도대학 명예교수 기무라 히로시
- '러시아가 센카쿠문제를 떠들지 않는 이유'

러시아가 이상하게 자제하고 있다. 어쩌면 현명하며 교묘한 대일전술로 전환하고 있는지도 모른다. 이번 달 초에 러시아를 방문한 인상이다. 예전이라면 센카쿠열도, 독도를 둘러싼 중국과 한국의 대일공격에 "덩달아 편승"해 북방영토 문제로 자국의 입장을 유리하게 이끌려는 시도를 해도 전혀 이상하지 않을 것이다.

<<덩달아 편승하지 않는 배경에 중국에 대한 경계>>

　실제, 2010년 가을 러시아 메드베데프 대통령(당시)이 취한 수법은, 바로 그와 같은 연계작전이었다. 9월초 센카쿠 바다에서 발생한 중국어선 충돌사건에서 중일 양국 관계가 긴장됐을 때 대통령은 중국 측에 가담했다. 예를 들면, 월말 북경 방문 중 일본의 영토권 주장을 비난하는 공동성명을, 후진타오 중국국가주석과 발표했다. 11월에 대통령이 북방 4도의 하나인 구나시리 섬에의 상륙을 감행한 것도 센카쿠문제로 중일이 다투는 상황을 염두에 둔 행동이었다고 봐도 좋다.
　그것이 2년이 지난 지금, 러시아의 대일정책, 전술에 미묘한 변화가 생기는 모습이다. 즉 대통령으로 복귀한 푸틴 씨 지도하의 정권은 현재 적어도 표면상은 한중 양국의 대일정책에 반드시 동조하지 않는다. 이유는 무엇일까.
　강력한 중국의 대두에 대한 경계심이 높아지고 있음에 틀림없다. 중국은 지난 10년 동안 일본을 추월해 세계 제2위의 경제대국이 되면서 그 경제력을 아낌없이 군비증강에 쏟아 붓고 있다. 러시아제 병기 수입을 최소한으로 억누르고 러시아제 병기를 카피해서 해외수출까지 하고 있다. 해양진출의 수법도 센카쿠 주변을 포함한 동지나해에 머물지 않고, 남지나해, 서태평양, 인도양에까지 세력을 펼치려 한다.

<<형님 역할에서 아우 역할로 전락>>

　가장 중요한 것은 그러한 결과로써 중국과 러시아 역학 관계가 역전됐다는 현실이다. 소련연방시대 약 70년이라고 하지만, 중국과 러시아는 '공산주의로 향하는 제1주자'로서 중국의 스승, 형님 같은 존재였다. 그러한 계승국인 러시아는 지금 중국의 사실상 "주니어 파트너"가 되고 있다.

게다가 양국 지도자는 현명하게도 이러한 실태를 결코 입 밖에 내지 않는다. 그것을 인정해 버리면 러시아 측 자긍심을 상처 입힐 뿐만 아니라, 중국과 러시아 실정이 폭로되어 대등한 것처럼 가장해 유럽을 뒤흔들 전술 효력을 잃어버리기 때문이다.

아시아태평양지역에서 세력 확대일로의 중국을 제어할 수 있는 최강국은 미국이다. 그렇다고 러시아는 미국과 손을 잡고 중국과 대항하는 방향으로 전환할 리는 없다. 여러 가지 이유 중 가장 큰 이유는 미국과 러시아 간 가치관의 차이다. 부시 전 미국 정권, 오바마 현 정권은 모두 푸틴 메드베데프 쌍두체제를 민주주의 제 원칙에 어긋난 준권위주의 체제로 판단하고 러시아 측은 미국형 민주주의의 강압이라고 그에 반발한다.

구소련의 우크라이나, 그루지아의 '카라혁명'이나 '아랍의 봄'은 구미열강의 지원 아래 일어났다. 크레믈린 지도부는 그렇게 견고히 믿고 있으며 유사한 민중봉기가 자국에서 발생할 위험을 극도로 경계하고 있다. 푸틴 씨는 복귀하면서 즉시 국내 비정부조직(NGO)이 미국 등 외국의 자금 원조를 받는 것을 사실상 금지하고 있다.

메드베데프 씨가 푸틴 씨보다 낫다고 본 오바마 정권은 대러시아 '리셋' 외교를 시도했다. 하지만 푸틴 씨 재등판으로 그것을 상실해 버렸다. 생각대로 푸틴 대통령은 미국에서의 주요국(G8)수뇌회담을, 오바마 대통령은 러시아에서의 아시아태평양경제협력회의(APEC)수뇌회담에 상호 결석했다.

<<북방 4도 반환으로 일본을 연계상대로>>

더욱 강대해지는 중국의 대두에 직면하면서도 러시아는 미국과는 함께 싸울 수 없다. 남겨진 선택지는 일본카드를 이용하는 것밖에 없다. 적어도 일본과 대립하는 것은 금물이다. 단순한 뺄셈이다.

그렇지 않으면 러시아는 언제까지나 극동지방 경제개발에 성공할 수 없다. 그렇기는커녕, 이 지방은 지리적으로 이웃한 중국의 사실상의 경제식민지가 될지도 모른다. 결과로써 아시아태평양지역에 대한 출구를 잃고 지역의 정식 진입에도 실패할 것이다.

따라서 하루빨리 북방4도를 일본에 반환하고 평화조약을 체결, 러일간 기본 구조를 설정할 필요가 있다. 이번에 필자가 러시아 극동 우라지오 스토크에 다녀온 보고에서 이와 같이 주장한 것에 대해 의외로 러시아 측에서 어떤 반론도 나오지 않았다.

노다 요시히코 수상은 연말에 모스크바를 방문해 본격적인 북방영토 교섭을 시작한다고 한다. 그때 수상이 주장할 것은 다음과 같다.

중국이 러시아태평양지역에서 '뒤늦게 달려온 패권국'으로 맹렬히 달려와, 지역의 권력구조는 바뀌고 있다. 중국을 부러워하는 러시아에겐 초조함이 있다. 러시아가 극동경제를 발전시켜 진실로 지역의 일원이 되고 싶다면, 베스트 파트너는 일본이며 이를 위해서는 북방 4도 반환이 필수다.

2012. 11. 21. 방위대학교 교수 무라이 도모히데
- '센카쿠방위는 강자에 대한 정의의 전투'

국제관계에서 적이란 국익을 해하는 나라이며, 아군이란 국익에 해당하는 나라, 혹은 적의 적이다. 국가는 국민, 영토, 주권으로 이루어져 이들 3요소를 해하는 나라는 심각한 적이다.

<<저항할 수 없는 대일우호>>

현대 아시아에서 몽골이나 베트남, 인도는 일본에 우호적인 태도를 취하는 경우가 많다. 일본인이 특별히 좋다는 것은 아니다. 단지 이들 나라는 중국에 의해 침략당한 역사를 잊지 않는다. 중국은 적이며 적의 적은 아군이다. 일본이 이들 나라에서 우대받는 것은 일본이 중국에 대항할 수 있는 나라라고 생각하기 때문이다. 따라서 중일관계가 친밀해지면 이들 나라의 일본에 대한 신뢰감은 저하된다.

20세기 초기 터키와 폴란드에서 일본의 인기는 높았다. 당시 양국의 적은 러시아였으며 일본은 러일전쟁의 승자였기 때문이다. 단 '국가에는 영원한 친구도 영원한 적도 없다. 있는 건 영원한 국익뿐이다'(퍼머스톤 영국 수상)라는 말도 국제관계의 원칙이다.

그럼 일본의 국익을 침해하는 나라는 어떤 나라일까.
위협은 능력에 의지를 곱한 값이다. 일본의 국민, 영토, 주권을 침해할 최대의 군사적 능력을 갖고 있는 것은 미국이다. 그리고 러시아, 중국, 북한을 들 수 있다. 이들 나라는 수천 발에서 수십 발의 핵병기를 보유하고 있으며, 일본을 공격할 수 있는 사정거리를 갖은 수백

발에서 수천 발의 탄도미사일도 보유하고 있다. 한국도 서일본을 공격할 수 있는 사정 800킬로미터의 탄도미사일을 수년 내에 개발할 것을 결정했다.

다음으로 일본의 국익을 침해할 의지를 보면, 미국은 일본의 동맹국이며 일본을 공격할 의지는 제로다. 따라서 능력과 의지를 곱하면 미국의 위협은 제로다. 러시아는 일보의 영토를 빼앗고 무력으로 불법상태를 유지하려고 한다. 러시아의 의지와 능력을 곱하면 위협은 존재한다.

<<능력 * 의지=최대의 위협 중국>>

중국은 일본이 실효통치하고 있는 센카쿠 열도를 무력으로 빼앗아 현 상황을 바꾸려 한다. 일본 영토를 적극적으로 침해하려는 것이다. 중국의 능력과 의지를 곱하면 위협은 명확하다. 북한은 일본인을 납치하여 소중한 국익인 국민의 생명을 침해하고 있다. 북한의 능력과 의지를 곱하면 위협은 존재한다. 한국은 일본의 영토인 독도를 불법점거하고 무력을 사용해 현 상황을 유지하려고 한다. 한국도 능력과 의지를 곱하면 플러스이다.

이상 능력과 의지를 곱셈하면 중국의 위협은 최강이다.

한편, 미국과 러시아, 한국 3개국은 민주주의 국가다. 일반적으로 민주주의 국가는 전쟁을 일으키기 어려운 구조다. 전쟁은 기습적으로 시작되는 경우가 많다. 그러나 민주주의 국가는 정책결정과정의 투명성이 높고 적을 기습하기 어렵다. 또한 민주주의 국가는 폭력에 의한 위협이 아닌 국민을 설득함으로 정권을 유지하고 있다. 대외관계도 같은 행동을 취하는 경향이 있으며, 대화를 우선하고 전쟁을 선택할 가능성은 낮다고 한다. 하지만 중국과 북한은 독재국가이며 전쟁에 대한 민주주의 브레이크가 없는 국가이다.

문민통제도 전쟁으로 치닫는 군을 정치가 억제하는 시스템이다. 미, 러, 한 3개국에서는 문민통제가 기능한다. 이에 반해, 북한은 군이 최우선시 되는 '선군정치'의 국가이며, 중국도 '철포에서 태어난' 공산당과 군이 일체화된 병영국가이며 문민통제는 존재하지 않는다. 이상의 조건을 감안하면 현재 일본에게 최대의 위협은 중국에 의한 영토침략이다.

<<EU헌장에 따른 일본의 행동>>

중국 침략에 일본은 어떻게 대응해야 하는가. 센카쿠열도를 일본으로부터 빼앗으려는 중국의 행위는, 일본 사활이 걸린 국익을 침해할 뿐만 아니라, EU헌장을 부정하는 행위이기도 하다. EU헌장 제1장은 '모든 가맹국은 무력에 의한 위협 혹은 무력행사를 삼가해야 한다'이다.

따라서 무력에 의한 위협과 무력행사로 일본에게서 센카쿠열도를 빼앗으려는 중국에 저항하는 일본의 행동은, EU헌장에 따른 정의로운 행동이다. 센카쿠 열도를 둘러싼 중일의 움직임은 양국 국익의 충돌이라는 차원에 머무르지 않는다. 국제사회의 정의 문제다.

현재 일본에서는 중국에 의한 여론전, 심리전이나 경제적 압박의 효과 때문에 중국과 타협해야 한다는 의견도 강해지고 있다. 그러나 중국 지도자, 마오쩌둥이 '적과 타협해 영토나 주권을 조금 희생하면

적의 공격을 막을 수 있다는 생각은 환상에 지나지 않는다'(지구전론)고 말한 것을 명심해야 한다.

센카쿠 열도를 수호하는 일본의 행동은, 힘으로 요구를 관철하려는 강자에 대한 정의의 싸움이라는 측면이 강하다. 일본이 굴복하면 강자에 저항하는 일본에 기대하고 있었던 아시아 약자는 실망하고 일본의 아시아에 대한 영향력은 소멸한다. 일본이 강자에 대한 저항을 포기하면 아시아에서 약자가 안심하고 평화롭게 사는 환경도 없어질 것이다.

2012. 12. 19. 초대내각 안전보장실장 삿사 아츠유키
■ '자민당의 어떤 것도 배우지 않으려는 자세는 잘못됐다'

3년여에 걸친 민주당 정권의 대실정에, 기대를 배신당한 국민의 분노의 철퇴라고 할 만한 심판이 내려졌다. 무능, 미숙, 무책임한 민주당에 정권담당능력이 없었다. 정권 교체시 308의석을 확보한 것이 불과 57의석으로 전락, 하토야마 유키오, 간 나오토, 노다 요시히코 세 수상은 은퇴, 선거구 낙선, 대표사임이라는 애처로운 말로, 현직 각료 8인 등 전 각료 다수의 낙선 등 전대미문의 참패였다.

<<민주당은 건전한 중도 정당이 되라>>

필자는 근래 3년간 '그들이 일본을 멸망시킨다' 등 민주당을 무너뜨리기 위한 저서를 5권 발간했는데 그 중에서 '정계를 떠나라'고 실명을 거론하며 명예훼손소송을 각오하고 비판했던 '그들'의 90%가까이가 낙선했다.

위기관리 징크스 중에 '약한 내각에서 천재지변이나 국가적 위기가 발생한다'는 말이 있는데, 3년여의 민주당 정권은 실로 그것을 증명했다. 동일본대지진, 후쿠시마 제1원전 사고, 북방영토, 독도, 센카쿠열도 등 영토위기가 일어났다. 선거운동 기간 중에도 중국공선에 의한 센카쿠영해 침범의 상시화, 중국 비행기에 의한 첫 영공(센카쿠 상공)침범을 전후해 사정 1만 킬로미터와 미국 영토에 도달하는 북한 대포동 미사일이 발사되어 일본 상공을 스쳐 날아갔다.

매스컴은 이번 중의원선거는 소비세 증세, 탈원전, 환태평양 전략적 경제연계협정(TPP) 이 세 가지가 쟁점이라고 계속 논했는데, 그 분석은 틀렸다고 생각한다. 주변의 긴박한 정세를 목전에 두고 '이대로 일본은 괜찮은가' 불안을 느낀 유권자가 국방, 해상 방위력의 증강이나 헌법 개정을 정면에서 외치며, '늠름하고 강하고 아름다운 일본으로 돌아가라'고 외친 아베신조 씨 등 3인을 선택해, 제3극화한 가다(嘉田) 유키코, 오자와 이치로 등이 급조한 정당에 '노(NO)'라고 답했다.

원래 3년 전 민주당의 대승은 장기화한 자민당 정치에 지친 유권자가 정치교체를 호소하는 민주당에게 '한번 해봐라'는 기분에 휩쓸렸기 때문이었으며, 자민당의 '자살골'이었다. 하지만 그때 탄생한 하토야마 정권은 일찍이 좌익 활동분자, 일교조(일본 교직원 조합), 구사회당의 잔당, 반국가적 시민운동가의 권력찬탈에 의한 좌익정권이었다.

쇠락한 민주당 재건을 위한 길은 단 한 가지. 정권교체가 가능한 2대 정당의 일익으로서 국가사회의 안전보장 정책, 외교정책을 확립하고 좌익과 결별, 국익과 국민의 안전을 염려하는 건전한 중도정당이 되는 것이다.

자민당은 압승했다. 하지만 자만하지 말라. 국민은 아직 자민당을 용서하지 않았다. 이 승리의 원인은 민주당 자살골의 반사이익임을 명심하길 바란다.

<<'대승'에 자만하지 말라>>

나폴레옹이 워털루전투에서 패한 후, 부르봉 왕조가 부활하고 루이 18세가 즉위, 망명귀족이 돌아왔을 때 그들의 광희 난무를 냉정하게 비판한 타레이랑의 말에 '어떤 것도 배우지 말고, 어떤 것도 잊지 말라'라는 명언이 있다.

샤를르 모리스 드 타레이랑 페리골(1754-1838). 프랑스혁명, 제정 나폴레옹, 왕정복고, 7월 혁명과 격동의 시대를 '정보의 귀신' 요셉 후세와도 항상 권력의 중추에 살아남아 외무대신으로서 수완을 발휘한 난세의 영웅이다. 특히 나폴레옹 후의 유럽을 지배한 '윈 회의'에서 프랑스의 국익을 수호한 것으로 알려져 있다. 그의 눈에 비친 루이 18세 등은 치열한 프랑스혁명에서 '어떤 것도 배우지 않았다', 혁명전 귀족의 특권을 '어떤 것도 잊지 않았다'였다.

자민당의 정권복귀는 그러지 않기를 바란다. 경기대책으로 공공사업확대, 금융완화 등이 시행되겠지만 다나카 가쿠에 시대와 같은 금권정치로 회귀하지 않기를 바란다.

<<세 명의 영웅은 '도원결의' 맺어라>>

이런 헤세유신(平成維信)이라고 부를만한 대정권 교체를 일으킨 노, 장, 청년 세 명의 영웅이 있다. 이시하라 신타로(80), 아베신조(58), 하시모토 도루(43)이다. 쇠락해가는 일본을 구하려고 각각의 의미에서 목숨을 건 보수합동 의거를 일으킨 이 세 명의 영웅은, 난폭한 유추지만 필자에게 '삼국지'의 '도원결의'를 상기시킨다.

황건족의 난으로 쇠퇴한 한나라 왕조를 지지하려고 유비현덕과 호걸관우, 장비 세 명이 유비의 은둔지인 도원에서 의형제 맹세를 나눈다. 유비현덕은 한나라 중산단왕 유승의 후예이며 경제 유계의 현손이다. 헤세 도원의 맹세에서는 아마 기시 노부스케의 손자이며 아베신타로의 아들인 신조 씨가 유비현덕이며, 하시모토 요시츠네를 돕는 변호를 자임하는 이시하라 씨가 관우, 무서움을 모르는 하시모토 씨가 장비일 것이다.

세 명에게는 소이(小異)를 버리고 대동(大同)에 따라 구국의 '도원결의'를 조속히 맺어 헌법개정, 집단적 자위권 행사 용인, 방위예산과 해상방위예산, 영역 경비법, 무기사용법, 국가안전기본법 등 국가위기 관리에 관련된 개혁을 해야 한다. 또한 디플레이션 탈피, 금융완화 등을 우선순위로 진행해 아베 씨의 소원이던 '전후 레짐으로부터의 탈피'를 이룩하길 바란다. 그리고 '아베현덕'에게 필요한 것은 제갈공명처럼 직언 간언하는 스승임을 잊지 않길 바란다.

2012. 12. 31. 타쿠쇼쿠대학 총장 와타나베 도시오
■ '조리에 맞는 언설 시대를 연마하자'

내일부터 새해인데 밝은 기분은 아니다. 또 한해를 보내는가 생각하면 원망스럽다. 불안이나 불합리라는 감정표현이 정치나 저널리즘에서 금년만큼 빈번하게 사용된 적도 없었던 것은 아닐까. 지진과 방사능에의 불안, 센카쿠, 독도, 구나시리섬에 대한 주변국 도발의 불합리성 등이다.

<<감정적 표현으로 정치를 말한 해>>

불안이나 불합리라는 감정표현으로 정치를 말해도 될까. 정부문서 중에도 '안전, 안심'이 이상하게 많다. '안전 기준'은 있다. 사회에는 최소한 결정해 둬야 할 기준치(리스크 미니엄)이 존재한다는 설계사상이다. 하지만 '안심기준'이라는 것은 없다. 안심은 개개 인간의 관념 속에 존재하지만 현실 사회에 이 관념을 가지고 오면 위험하다.

안심은 이것을 계속 추구하면 '절대 안심'이라고 하는 인간사회에서는 거의 불가능한 갈망으로 사람들을 유혹한다. 실현 불가능한 관념의 추구는, 도달할 수 없는 폐색된 심리로 사람들을 몰아넣는다. 지진 잔해의 광역처리 거부라는 지방자치단체의 에고이즘은 절대 안심이라는 태초적 정념의 사회적 귀결이다.

'인간은 불안의 도구다'라고 한다.
성실한 인생을 보내려 하는 이상, 사람이 때때로 답답할 정도의 불안에 빠진다. '존재 불안'이 인간의 근원적인 불안이라고 말한 사상가가 있다. '불안 상주'를 신경병이라 주장한 임상의가 있다. 불안을 제거하려고 하면 불안은 점점 깊숙이 인간의 마음을 괴롭힌다. 불안을 배제하려는 상념은 반드시 인간에게 좌절을 맛보게 한다. 중의원 선거에서는 '탈원전'의 대합창이었다. 국민의 불안 심리에 편승해 이것을 부추기는 포퓰니즘(Populism)이다. 정치가가 안심이나 불안이라는 심리학이나 정신의학적 용어를 사용해 국가의 존재를 말해도 좋은 걸까.

결국 현대 일본인은 '생명지상주의' 신앙에 빠져 버린 걸까. 아니, 신앙이라 할 정도 고귀한 것은 아닐 것이다. 오히려 '개인지상주의'라 명명하는 편이 낫다. 생명은 살아있는 인간만의 것은 아니다. 우리가 지금 여기 있는 것은 부모와 조부모, 증조부모와 같은 조상 때문이다. 생명이라면 과거와 현재, 현재와 미래를 연결하는 생명현상의 전체를 말하는 것이 아니라면 의미가 없다.

<<불안에 호소하는 '반원전'>>

현존하는 인간에 대해서 정치와 저널리즘은 영합한다. 역사도 없고 미래로 이어지는 의지도 없는 생물학적 의미에서의 단순한 개체이다. 개체로서의 인간이 갖는 감정과 욕망을 마음대로 방치해서 사회는 성립하지 않는다. 일본인이라는 민족이 역사를 엮어내어 미래에 걸친 '정치적 공동체'로서 존속하기 위해, 무엇이 필요하며 무엇을 수용하고 무엇을 배제해야 하는가. 이런 호소에 호응하는 국민적 응집력 창출이 정치의 역할은 아닐까.

'탈원전'론이 활보하고 있다. 하지만 이것이 에너지의 안정적 공급과 전쟁억제라는 국가존립의 근간에 걸친 레벨까지 논리를 전개하지 않는다면 나는 신용하지 않는다. 인간의 불안이라는 원초적 감정에 호소할 뿐인 반원전은 모두 심한 폐색감으로 국민을 몰아넣을지 모른다.

아무리 도발적인 행동을 보여도 국가관계를 '불합리'라는 감정표현으로 말해선 안 된다. 아무리 비이성적으로 보여도 상대국에는 상대국의 '논리'가 있다. 그 논리를 예리하게 꿰뚫어보지 않는다면 상대국에 대한 전략은 세울 수 없다.

중국에는 중국의 논리가 있다고 가정하지 않으면 안 된다. 중국의 국익은 무엇인가, 공산당권력이 무엇을 획득하려고 하는가. 무엇보다 거대사회가 어떤 충동에 휩싸이는가. 그것들을 깊이 분석하지 않으면 중국이 어느 정도의 시간 축으로 어느 정도의 공간역을 확대하려는가 알 수 없다. 불합리라는 정서적 감각으로는 대치할 수 없는 존재가 중국이다.

<<거대 중국을 예리하게 꿰뚫어보자>>

동시에 자국의 역사를 돌아보는 시각이 불가결하다. 논리나 도덕의 문제는 아니다. 대만, 한국, 만주로의 영토 확대 야욕에 몸을 불태우던 시대가 자국 역사 속에 선명하게 존재했었다. 현재 중국이 그 시대의 일본과 다분히 동질의 시대에 일본보다 백년 늦게 진입하고 있다는 시각을 배제할 수 없다. 오늘날 중국이 불합리하다면 일찍이 일본의 행동 또한 불합리했다. 요약하면 '불합리'라는 정서적 언어로 중국을 말해도 건설적인 것은 어떤 것도 생겨나지 않는다는 것이다.

인간은 이성보다 감정에 의해 움직이는 존재다. 따라서 인간사회는 연약하다고 자성하며 대등하는 것이 정치의 분기점이다. 불안이나 불합리라는 원초적 정념을 탈피해 조리에 맞는 언설 시대가 도래하기를 바란다.

2013. 1. 3 연초에 즈음하여 문예비평가, 도류문과대학 교수 신포 유지
■ 강인한 두뇌와 정신이야말로 국난 구제

돌이켜 보면, 3년여의 민주당 정권하에서 일본에 살고 있는 것은 실로 불쾌하다. '전후민주주의' 일본에 살고 있는 것이 원래 불쾌해서 '전후 레짐(체제)으로부터의 탈각'을 강하게 원하고 있는 한명이지만, 근래 3년여의 기간은 그 불쾌함도 극에 달했나하는 느낌이 있었다.

<<일본의 '상식' 큰 길을 가다>>

불쾌함이 밀려오는 원인은 세어보면 끝이 없지만, '업무분담'이나 '가까운 시일 안에'라는 코미디도 그렇지만 근본적으로 인간의 보잘 것 없음이 느껴져 인간의 위대함이나 고귀함을 나타내는 일이 실로 드물었다. 일본인이 일본에 살고 있는 것에 긍지를 느끼게 하는 일이 없었다. 그리고 민주당 정권을 선택한 것이 일본인 자신이라는 것을 생각하면 거의 모든 국민이 현 상황에 절망했다.

하지만 기다리고 기다리던 총선거에서 아베신조 자민당이 대승한 것으로 어떻게든 절망하는 일 없이 끝났다. 이것으로 짜증나는 일도 줄어들기를 기대한다.

아베정권에 바라는 것은, 이것저것 구체적인 정책 전에 일본의 역사와 전통에 근거한 일본인의 사고방식 '상식'이라는 큰 길을 가는 것이다. 헌법 개정도 안전보장도 경제정책도 교육문제도 모두 일본인의 '상식'에서 발상하면 좋을 것이다. 거꾸로 말하면 요 3년여 동안 질질 이어오던 정권이 얼마나 비상식적인 사고방식을 휘둘러 왔던가. 망국의 악몽을 보는 느낌이었다.

근대 일본의 대표적 기독교인 우치무라 간조는 '무사도와 기독교' 안에서 '우리들은 인생 대부분의 문제는 무사도로 해결한다. 정직, 고결, 관대, 약속, 빚지지 않기. 도망가는 적을 쫓지 않기, 인간이 궁지에 빠지는 것을 기뻐하지 않기 등 이런 일들에 관해 기독교를 고민할 필요는 없다. 우리들은 조상대대로 무사도에 의해 우리의 문제를 해결했다'고 기록했다. 정치는 '인생 대부분의 문제' 영역을 다루는 것이다. 그리고 일본인의 '상식'이란 '조상대대로의 무사도'를 기반으로 한 것이다.

<< '조상 전래의 무사도' 현재 다시 부상 >>

'정직' '고결' '관대' 라고 하는 덕이 오늘날 어느 정도 소실되었는지 '약속을 지키는 일'이 '가까운 시일 안에'라는 말을 둘러싼 소동으로 없었던 일이 된다던가, 하는 일을 생각하면 '조상전래의 무사도'에 의해 살아가는 것도 쉽지 않다. '빚지지 않기'라는 금욕의 결여가 나라의 재정악화 근본에 있으며, '인간이 궁지에 빠지는 것을 보고' 기뻐하는 심리가 대부분의 미디어를 성립시키고 있다.

아베 자민당 공약에 '국토 강인화'라는 것이 있는데, 확실히 대지진에 대한 대비필요와 터널붕괴사고 등에서 나타난 인프라 노후화는 위기적 문제이며 이것을 해결하기 위한 '국토'의 '강인화'는 불가결하다.

그렇다고 해도 '강인'이라는 표현은 좋은 말이다. 강대와 강성을 모토로 하는 국가와 비교해 '강인'이라는 말에는 꽉 죄는 어감이 있다. 강대나 강성에는 가짜 같은 허세로 느껴지는데 '강인'에는 스스로의 엄격한 규제가 깃들여 있다.

작년 말 정권교체에 의해 금년 일본은 새로운 출발을 맞이하는데, 그 중대한 고비에 필요한 것은 일본인 정신의 강인화다. 센카쿠나 독도, 혹은 북방영토라는 영토문제와 외교, 안전보장 문제와 같은, '전후 민주주의'가 안일한 와중에 외면한 문제와 당당히 맞서는 '강인'한 정신이며, 본질적인 논의를 피하지 않는 '강인'한 사고력이다.

《얕은꾀는 이제 통용되지 않는다》

작년 5월에 오케다니 씨와의 대담에서 "역사정신의 재건"을 말했는데, 그 중에 오케다니 씨는 신감각파인 요코미츠 리이치가 '지금 문단에서 가장 머리가 나쁜 것이 나카노 추야'라고 말해, 이에 대해 나카노가 '나는 머리가 나쁠지 모르지만 강인한 머리다'라고 소설에 썼다는 얘기를 했다.

'강인한 머리', 이것이야말로 금후 일본인에게 필요한 것이다. 교육개혁의 요체도 여기에 있다. 전후 일본의 교육은 '좋은 머리'에 가치를 두고, '강인한 머리'를 가진 인간을 육성하기를 게을리 했다. 스스로 생각하지 못하고, 단지 회전이 빠른, 요령이 좋은 머리를 '좋은 머리'라 한다.

하지만 이러한 머리는 시대의 방향에 민감하여 잔꾀가 많은 머리에 지나지 않는다. 전후 세계에 얕은꾀로 돌아선 일본도 이미 이것은 통용되지 않는다. 어느 시대에나 있는 '신감각파'적인 얕은꾀의 인간들이 일본을 이렇게 전락시킨 것이다.

일본을 재생하고 내외 국난에 대응해 나가기 위해선 '강인한 머리'가 필요하다. '강인한 머리'란 인간과 세계의 과혹한 현실을 직시할 수평적인 용기와 그 현실을 관통하는 수직적인 희망을 품기 때문이다.

2013. 1. 9. 새해를 맞이하여 방위대학교 명예교수 사세 마사모리
■ '결정불가, 늦다' 일본병은 낫는다

금년 일본은 일본병인 '결정불가의 정치'로부터 탈피할 수 있을까. 이 용어는 현재 남용이 심하다. 원래 병의 원인은 헌법 59조 2항의 무리한 제도설계에 있다. 중의원과 참의원에서 여야당 과반수 관계가 비틀리자, 참의원에서의 반대표결을 뒤집는데 중의원에서 3분의 2 다수가 필요하므로 이 장애물은 너무 높다. 이런 비틀림 아래, 힘있는 입법기능은 저하, 정권당에 초조함이 심해지고 당 와해가 시작된다. 민주당 최후의 1년의 모습이다.

<<59조 개정으로 제도설계 변경>>

이번 자민공명 연립정권은 중의원에서 3분의 2가 넘는 의석을 갖게 되어 사태는 호전되었다. 하지만 59조 2항의 반복활용이라는 거

친 요법은 피하고, 7월 참의원 선거에서 과반수 획득을 노릴 것이다. 그것이 불가능해도 자민당 당내 결속은 나쁘지 않으므로 참의원에서 협력적 '제3극' 제당으로부터의 지원도 민주당보다는 얻기 쉬울 것이다. '결정불가의 정치'병 발병은 훨씬 줄어들 것이다.

하지만 이 병에 대한 필수 치유책은, 앞에서 언급한 3분의 2 과반수 조항을 헌법 개정에서 단순과반조항으로 변경하는 것이다. 그것에는 시간이 걸린다. 이것을 끈기 있게 지속하지 않는다면 '결정불가의 정치'병은 장래, 다시 재발할 것이다. 이렇게 보면, 59조의 무리한 제도설계 계획의 죄는 무겁다.

원래 중의원에서의 재가결이 필요해지는 것은 해당 법안에서의 여야당대결이 엄격할 경우지만, 이를 위해 첫 가결조건을 상회하는 3분의 2 다수를 요구하는 것은 아무리 생각해도 이상하다. 2원제를 취하는 이상, 여야당 다수 관계의 비틀림은 미리 상정 가능하므로 그 상정에 맞는 입법기능의 보전이 개헌으로 추구되어야 한다.

<<유사대응 센스 있는 인재를>>

그렇다면 '결정불가의 정치'는 본질적으로 입법부에 관련된 일본병인데, 과거 3년간 일본은 행정부 참상으로 고통스러웠다. 그렇다기 보다는 부적절한 행정권 행사가 초래한 고민이 입법부 병보다 무거웠다. 고민과 병은 다르다. 일본의 고민은 외교안전, 긴급사태대응으로 민주당 최초의 2인 수상이 부적절했다는 점이다. 부적재성에 치유는 없으며, 절제로 해결할 수밖에 없다.

3년 전 시정방침연설에서 하토야마 유키오 수상은 입을 열자 첫마

디에 '생명을 지키고 싶다'고 호소하며 합계 24회 '생명'을 외쳤지만, 억제력의 의미를 몰랐다. 그래서 대외유사시 국민의 생명을 어떻게 지킬 것인가, 자신도 몰랐다.

간 나오토 수상은 자위대 제복수뇌와 회담하기 까지, 자신이 최고 지휘자라는 사실을 몰랐다. 또한 3.11 직후, 수상 이하 전 각료가 방재복에 몸을 감싼 채 안전보장회의 구조를 사용치 않고 대신 한 다스 정도의 위원회를 급조해서 겉돌았다. 또한 2010년 센카쿠 바다에서 중국어선 충돌사건의 처리 하나를 보아도 간 정권의 법집행이 부적절했다는 것은 명확하다. 이들 사례는 기존의 법적 구조를 적정하게 살리는 능력을 행정 권력이 갖고 있지 못했다는 증거다.

3번째 노다 요시히코 수상 본인의 안전보장 마인드는 나쁘지 않았지만 처음 2인의 방위상 인사는 울고 싶을 정도로 서툴렀다. 이러는 사이에 북방영토, 독도, 센카쿠 중 유일하게 일본이 실효지배하고 있는 센카쿠에서는 중국의 도발행위가 해역뿐 아니라 공역에도 미치기 시작, 북한의 실질 미사일은 결국 오키나와 수역을 넘어 날아왔다. 향후 관련된 심각한 돌발사태 발생은 명심해야 한다.

문제는 우선, 비군사적, 준군사적, 군사적인 긴급사태에 신속 대응하는 책임자의 센스다. 센스는 제도 이전의 요소다. 정치가 그 센스를 결여하고선 관료나 법제도가 아무리 뛰어나도 적시, 적절한 긴급사태대응은 바랄 수 없다. 아베수상 이하 새로운 국토교통, 외무, 방위 등의 관계각료는 이런 의미에서의 센스는 괜찮을까.

<<긴급사태 조항, 법 정비 필요>>

순서는 거꾸로 지만 신속대응 센스 이상으로 본디 중요한 것은 긴급사태 대처를 위한 구조구축이다. 궁극적으로 있을 수 있는 개정헌법 중에서 긴급사태조항으로 담겨져야 하는데, 정세에 비추어 긴급사태법 제정이 선행되어야 한다. 그 일부로서 현행 안전보장회의를 국가안전보장회의로 개조, 확충하는 작업이 필요하다. 양자의 차이는 각종 긴급사태문제를 전문으로 하는 충분한 전업 진행요원이 있는가하는 문제이다. 간 나오토 정권은 3.11에서 전자의 활용조차 망각하고 있었는데, 후자의 구상은 아베정권이 이미 제창해 앞으로의 추진을 명언했다.

다시 언급한다. 일본은 (1)입법부에 관련된 '결정불가의 정치'병과 (2)행정 권력의 긴급사태 대처의 열악함이라는 고민을 안고 있다. (1)에는 목표로서 헌법 59조 개정에 가기 위한 중장기적 치유책이 불가결하다. (2)의 고민은 인재 일신에 의해 내일부터라도 그 해소에 착수할 수 있다. 견인불발의 정신과 순민성이라는 서로 다른 두 개의 재능 발휘가 요구된다.

1년 후 아베정권은 어떠한 중간성적표를 받을 수 있을까.

2013. 1. 18 일본재단회장, 사사가와 요헤이
- '바다의 눈높이'에 선 교육과 외교

<<해양교육 총합적 강화 서둘러라>>

아베신조 수상은 제1차 아베내각시대인 2007년에 해양기본법을

제정하고 제2차 아베내각 스타트에 서서, '아름다운 바다를 수호한다'고 말했다. 하지만 해양기본법의 기본적 시책의 한가지인 해양교육 강화는 5년이 지난 현재에도 위치정립이 불명확하며, 초중등학교 교육현장에 스며들지 않았다.

차세대를 짊어질 아이들이 바다를 몰라선 해양국가 일본은 성립하지 않는다. 초중등학교 교과에 '해양'을 신설하는 것이 이상적인데, 현 상태로는 어렵고 차선책으로 학습지도요령의 '총칙'으로 해양교육을 명확히 위치정립하고 이과나 사회 등 관계과목에서 체계적, 총합적으로 해양교육을 강화하는 것이 현실적인 선택이라 생각한다.

학습지도요령 개정은 2018년이지만 그것을 위한 실무 작업은 곧 시작된다. 나아가 금년은 해양기본법을 받아 만들어진 '해양기본계획' 5년째인 재검토시기에 해당한다. 새로운 계획에 이러한 장래 구상을 담아, 학습지도요령 개정작업에 반영시키는 한편, 해양교육을 담당할 교원 양성 등 환경정비를 추진하는 것이 현실적인 강화책으로 연결, 신정권에는 유연하며 적극적인 대응을 기대한다.

작년 말 도쿄대학에서 '바다는 배움의 보고, 모든 학교에서 추진하는 해양교육' 심포지엄이 개최되어, 도쿄대학와 일본재단, 해양정책연구재단이 전국 초중학교 3만 2천교에 조사표를 보내 첫 실태조사 결과가 보고되었다.

<<학습지도요령에서 명확히 하라>>

20%넘는 6700교가 회답, 70%는 해양교육이라는 단어, 혹은 해양기본법의 존재조차 모른다고 회답했다. 해양교육의 실시상황에 관해

서도 62.8%는 '교과서 범위 내에서의 실시'라고 대답, 13.7%는 '미실시'라고 답했다. 유토리교육(일본에서 실시된 '여유있는 교육'을 의미하는 교육방침)에서 도입된 '총합적인 학습시간'에 바다에 관한 체험학습을 도입하는 등 긍정적 대응은 16.7%에 그치고 있다.

해양기본법은 기본적 실시를 위해 '해양에 관한 국민의 이해 증진'을 내걸고 해양기본계획도 '차세대를 짊어질 청소년이 해양의 꿈과 미지의 것에 대한 도전의식을 배양할 수 있도록 교육 실현'을 전면에 내세우고 있으며 좀 더 높은 수치를 예상하고 있었는데, 의외의 결과였다.

확실히 현재 학교교육의 상황은, 이과나 사회 교과서에 '바다'가 단편적으로 기술되어 있을 뿐, '교과서 범위 내'에서 실시되고 있는 60%가 넘는 학교에서 얼마나 교육효과가 높아질지 의문스럽다. 학습지도요령에 해양교육에 관한 명확한 위치정립이 결여되어 있다는 점이 크고, 임의로 '총칙'에서 해양교육을 명확히 정립한다면 이과나 사회뿐 아니라 전 교과에서 바다를 횡단적으로 취급할 수 있다.

이것을 체계적으로 정리하면 교과로서의 해양을 설치하지 않아도 그것에 맞는 교육효과를 기대할 수 있다.

<<바다에게 보호받는 나라에서 '보호하는' 나라로>>

현재 지구 인구가 70억 명을 돌파하고 식량, 에너지에서 광물까지 바다 자원에 대한 세계의존도는 높아져 각국 쟁탈전도 격렬해지고 있다. 네덜란드 법학자 그로티우스가 17세기에 외친 '해양의 자유' 시대는 끝나고, 바다의 은혜를 최대한 받으며 발전해온 일본은 '바다에게 보호받는 나라에서 바다를 수호하는 나라'로의 전환이 시급하다.

센카쿠열도와 독도, 북방영토 4도의 영유권문제도 긴박해지고, 해양을 중심으로 한 안전보장, "바다의 눈높이"에 선 외교의 강화도 빼놓을 수 없다. 한국은, 독도에 대해 중고등 역사교과서 뿐만 아니라, 초등학교에서도 정당성을 가르치고, 중국에서는 중학교 지리교과서를 개정해 센카쿠열도를 '중국의 영토'라고 명기하는 움직임도 보인다. 우리나라도 학교교육 안에서 현재에 이르기까지의 역사의 흐름 정도는 명확히 가르치지 않으면, 한국이나 중국 아이들에게 반박당해도 일본의 아이들은 맞설 수 없다.

동일본대지진에서 미증유의 츠나미 피해도 바다 교육의 필요성을 한층 높였다. 현재 조사에서는 83.2%가 '(대지진을 통해)바다에 대한 학습이, 좀 더 중요하다고 생각하게 됐다'고 대답, '츠나미의 공포' '피난방법', 나아가 '가마이시(釜石)의 기적'을 해양교육에 도입하도록 제안하는 의견도 나왔다. 가마이시(釜石)의 기적이란 가마이시 연안부의 초중학교 9개교의 아동이 지진발생 직후에 재빠르게 피난해 전원이 구출된 사건을 말한다. 이러한 교훈을 계속 전하는 것이야말로 살아있는 해양교육이다.

초중학교 수업에서 해양교과를 가진 나라는 없다고 하지만, 세계에 선도적으로 해양교과를 신설하는 기개가 있어도 좋고, 사회가 이렇게 급변하는 시대에 '10년에 1번'이라는 학습지도요령 개정은 좀 더 기간을 단축해야 하지 않을까 싶다.

해양기본법은 우리들도 국민의 입장에서 협력해 초당파 의원입법에서 성립됐다. 해양자원의 개발에서 해상운송의 확보, 해양조사의 추진 등 바다에 관한 기본적 시책을 총합적으로 다루고 '총합해양 정책본부' 본부장을 아베수상이 맡는다. 해양교육의 강화를 포함해, 각 시책이 착실하게 실행되기를 기대한다. 그렇지 않다면 모처럼의 해양기본법도 화룡점정이 부족하게 된다.

2013. 2. 22. 쓰쿠바대학대학원 교수 후루타 히로시
■ 독도를 '성지'화한 한국의 어리광

냉전기, 조선반도는 공산주의세력과 자유주의세력이 대항하는 버퍼존(완충지대)이었다. 대국이 직접 접촉하는 위기를 피해, 북한과 한국이라는 소국 끼리 대리로 사상전, 심리전을 되풀이했다. 그래도 작은 군사충돌은 피할 수 없어, 세계규모의 냉전이 끝났어도 계속 이어져, 그 때마다 양 진영의 간담을 써늘하게 했다.

<<북한을 어떻게 자멸시킬까?>>

문제는 이런 작은 나라들이 대국으로부터의 자립을 시도한 것에 있었다. 북한은 핵미사일 개발을 특화해 무력발전을 이뤘다. 한편 한국은 외자를 도입해 무역을 특화, 경제발전을 이뤘다.

북한은 그 결과, 국내 생산체제가 붕괴하여 중국의 경제식민지 상태에 빠졌다. 돈을 빌릴 수도 없고 사서 받는 상품도 만들 수 없다. 미국을 핵미사일로 도발해 중국에 굽실댄다. 북한의 버퍼존으로서의 존재 가치는 제로를 넘어 마이너스가 되었다. 북한을 조용히 자멸시키려면 어떻게 할까? 지금 주변 국가들은 은밀히 그렇게 생각하기 시작했다.

한국은 외자점유율과 무역의존도가 이상할 정도로 높은 나라가 되었다. 이익을 외국투자가가 가지고 가는 한편, 수출을 늘려 국내총생산(GDP) 절반 이상을 보충한다. 미국으로부터 돈을 빌려 중국 상품을 산다. 미국과 중국의 균형자가 되려는 것이 그들의 이상이지만 현실적으로는 양국 모두에게 기대거나 양국 모두에게 내심 적의를 불태우는 일국 버퍼존이 되었다. 내가 이전 본 컬럼에 기고한 '한국의 출도화(出島化)'다.

한국이 일국 버퍼존으로써의 역할을 완수하기 위해서는 순조로운 무역, 특히 대중무역을 유지할지 신장할지 결정해야 한다. 하지만 '아베노믹스'는 엔고현상을 시정하고 한국의 원화약세 시대는 끝나게 된다. 일본제품이 저렴해지면 일부러 한국제품을 살 필요가 없어지는 것은 당연하다.

또한 미국은 10년 전부터 재한미군의 삭감을 실행하고 있다. 한국은 안전보장에 대한 미군의 관여를 유지하려고 한국군 지도권 인수를 2015년 말까지 연장하기로 했다. 하지만 재한미군 철병은 이어진다. 대신 한국의 탄도미사일 사정을 800킬로미터까지 늘리기로 한미 양국정부는 합의했다.

<<한국과는 '불조(不助), 불교(不敎), 불관(不關)'>>

무역 면에서 대중국의존, 안보 면에서 미국의존이 감소한다면 한국은 제주도 해군기지 완성 후, 중국선박을 끌어들일 가능성이 있다. 버퍼존이기 보다 균형자이고 싶은 의식이, 결함을 메우려들기 때문이다.

한국 최대의 오인은 지도상 대국에게 사대주의로 받들고 있는 이상 일본을 적으로 돌려도 상관없다는 어리광이며, 이런 어리광이 일본의 방위, 나아가 동아시아 전역의 안전보장에 중대한 위기를 초래할 지도 모른다.

따라서 일본은 어디까지나 한국을 버퍼존으로 고정시키도록 시책을 강구할 필요가 있다. 어쨌든 '불조(不助), 불교(不敎), 불관(不關)'이라는 3개조로 한국의 어리광을 끊어버리고 균형자가 꿈이라는 것을 자각시키는 일부터 시작했으면 한다. 경제로 곤란해도 도와주지 않고, 기획이나 기술을 가르치지 않고, 역사문제로 얽혀도 관여하지 않는다. 이것이 일본에게는 좀처럼 쉬운 일이 아니다. 노력이 필요하다.

'출도화(出島化)'한 한국에는 내적인 우환이 있다. 대재벌이 GDP의 70%를 벌어오고 삼성전자가 22%를 차지한다. 민족의 행동패턴은 조선과 같다. 재벌기업 엘리트가 양반이며, 일반인은 상민이다. 상민은 카드다발을 트럼프처럼 소비하고 논다. 그들의 가계부채는 GDP의 80%에 달한다.

<<일본을 적으로 돌리지 않은 박근혜 씨>>

양반, 상민의 계급차별은 대학입시라는 '과거시험'으로 고정화되고 패자부활전이 없는 희망이 없는 차별사회가 생겨나, 자살률은 경제협력개발기구(OECD) 1등이다. 차기 대통령, 박근혜 씨의 슬로건은 '행복한 나라!'다.

주변제국이 한국에 바라는 것은 경제 현상유지와 돌출된 정치행동, '출도화(出島化)' 추진이다. 여기에는 박 씨가 적임일 것이다. 지금 동아시아 정치지도자는 예기치 않게 전원 '좋은 가문 자녀'가 되었다. 중국 태자당의 시진핑 총서기, 한국 박정희 전 대통령의 따님인 근혜 씨, 김정은 제1서기. 북한 지도자는 나이어림으로 약간의 문제가 남는다. 한국 차기 대통령은 '좋은 가문 자녀'이므로 현 대통령의 독도상륙과 같은 돌출된 행동을 취하거나 일본국민을 일시에 적으로 돌리는 허세는 부리지 않을 것이다.

오늘은 다케시마의 날이다.

북한에는 김왕조 발상지이며 민족의 성지인 백두산(중국령은 장백산)이 있다. 한국에는 오랫동안 성지가 없었는데 일본으로부터 빼앗은 다케시마를 부당하게도 '독도'라 개명하고 반일의 성지로 삼았다. 성지에는 남이든 북이든 참배하는 사람들로 북적인다. '거짓말도 통하면 횡재'라는 나라들이다. 함부로 친하게 사귀거나 공생해서는 안된다.

2013. 5. 21 평론가 야야마 다로
■ '관 주도의 소비세 증세를 재검토할 때'

<<아베노믹스에 보이는 정치주도>>

아베노믹스가 굉장한 스피드로 일본을 재생시키고 있다. 주가는 반년 만에 70% 상승했고 국내 총생산(GDP)은 연 3.5%로 증가했다고 한다. 이런 마술 같은 변화가 왜 일어난 것일까.

제2차 아베신조 내각이 탄생하기 까지 일본의 정치, 경제운영의 주인공은 재무성이었다. 관료 정치는 여야당에 성공과 실패가 없는 정책을 선택하기 때문에 외교정책은 적과 아군을 순별 할 수 없다. 간신히 미국과의 기축외교를 선택했기 때문에 중국과 한국과의 관계를 어떻게 규율할지 원칙이 없었다.

경제도, 재정과 금융 분리라고 말하면서 일본은행까지도 재무성 의향에 따라왔다. 인플레 목표를 내걸자는 의견이 존재했지만 일본은행은 근래 15년 사태타개에는 전혀 무대책이었고 재무성은 증세에 의한 재정 재건설밖에 머리에 없었다. 동일본대지진 때에도 재무성이 고집한 것은 소득세 인상론이었고 긴급 보정 예산 작성안은 반년이나 늦어졌다. 관료에 맡기면 일본이 망할지도 모른다는 공포감도 느꼈다.

아베 내각 최대의 임무는 관료 정치를 탈피하는 것과 일미외교를 재건해 한중 양국과의 외교관계를 근본부터 재검토하는 것이다.

안전보장의 핵심부분에 해당하는 일미동맹도 북한이 미국 본토까지 도달하는 장거리 탄도미사일을 개발해 핵폭탄을 가지고 있는 상황 하에서 변질되지 않을까. 만약 일본의 한촌에 북한의 탄도미사일이 발사되어 소수의 일본인이 살상되었을 경우, 미국은 반격해 줄까. 미국 도시나 한국의 수도 서울도 미사일 공격을 받을지 모른다는 우려가 앞서는 것은 아닐까. 같은 이유로 센카쿠열도를 둘러싼 분쟁이 일어나도 미국이 반드시 도와주리라 안심하지 않는 편이 낫다.

<<중국에는 가치관외교로>>

한중 양국은 세계를 향해 일본의 '역사인식'을 비난한다. 중국이 이런 말을 꺼낸 것은 1982년 일본이 교과서에서 일본군에 의한 중국

'침략'을 '진출'이라고 수정한 것에 대한 '오보사건'이 발단이었다. 일본의 매스컴, 야당이 사실을 확인하지 않고 정부를 공격하는 모습에 중국은 일본 왕따의 구실로 여겨 '역사문제'를 뭔가 일이 있을 때마다 끄집어냈다.

위안부문제도 전장에 연행된 위안부를 만났다고 하는 91년 신문기사만이 보도됐다. 확실히 말해 두지만 강제 연행되어 위안부가 된 사람은 없을 것이다. 전후 45년이 지나 떠들어대기 시작한 것이다. 야스쿠니 문제에 관해 말하면, 중국의 주요한 교전상대국은 국민당 정규군이었으며 공산당 부대는 아니었고 한국과는 싸우지 않았다.

하지만 한중 양국은 위안부와 야스쿠니 문제를 찔러 일본의 위신을 실추시키기 위해 부당한 공격을 멈추지 않을 것이다. 일본 외교당국은 한중의 중상비방을 수정하기 위한 노력을 하지 않았다.

한국의 이명박 전 대통령은 '미래지향'이라 말했지만 마지막에는 독도에의 강제상륙과 천황폐하에 대한 폭언을 토했다. 후임인 박근혜 대통령도 낮은 지지율 때문에, 첫 방문지였던 미국에서 일본의 '역사인식'비난으로 일관했다.

비극적인 것은 한중 양국 모두 경제적이든 정치적이든 약점을 잡고 있기 때문에 일본에 대해 강하게 나오는 경향이 앞으로도 개선될 여지가 없다는 것이다.

어떻게 하면 좋을까.

스이코천황 시대, 중국이 일본을 너무 간섭해서 쇼토쿠태자가 수나라 양제에게 보낸 대등문서를 선언한 역사를 상기하고 싶다.

현대 일본의 묘책은 아베수상이 외치는 가치관외교일 것이다. 이것은 자유주의, 민주주의, 기본적 인권이라는 가치관을 공유하는 나라들과 연계해 중국의 팽창을 견제하는 것이다. 한중 양국과는 현재로선 호혜 평등 정신으로 스포츠 국제시합 등 필요에 따라 응해가면 된다.

<<일변한 경제정세를 고려하라>>

일본의 생존방식을 보강해 줄 한 가지는 환태평양전략적경제연대협정(TPP)이다. '가치관외교'는 적어도 금후 100년에 걸쳐 일본 외교의 지도원리가 될 것이다.

경제운영에 있어서의 주도권도 재무 관료들의 손에서 정치가가 되찾아야 한다.

소비세 증세법은 일본경제가 암흑에 있던 와중에 재무성이 노다 요시히코 수상과 다니가키 사다카즈 자민당 총재에게 시킨 일이다. 여당(당시 민주당)은 '증세는 하지 않는다'고 약속했지만 말이다. 여당의 공약 등은 일고조차 않는 공무원이 정치를 움직이고 있는 것은 민주주의라고 말할 수 없다.

소비세 증세법이 결정된 당시의 경제정세는 현재와는 전혀 다르다. 당시 '다른 차원의 금융완화'를 재무성과 일본은행도 전혀 상정하지 않았다. 지금은 상황이 일변했다. 그래도 소비세 증세를 요청대로 진행한다면 아베정권이 확립하려는 진실한 의미의 '정치주도'를 무(無)로 돌리는 일은 아닐까.

경기의 선행이 확실해 진 것은 아니다. 선행을 보고 결정해, 몇%가 필요한지를 포함해 정치주도로 다시 시도해야 한다.

2013. 7. 17. 평론가 야야마 다로
■ 한국은 '역사의 진실'에 눈떠라

한국 박근혜 대통령은 취임 이래 항례적인 방일을 회피하고 있으며 미국 방문 다음에는 중국을 방문하고 있다. 일본에는 '역사인식에 관해 반성이 없다'는 이유로, 더욱 등을 돌리고 있는 것 같다. 한국보도기관 논설위원들의 회합에서 '(한일수뇌)회담 후에 독도, 위안부 문제가 재연된다면 관계가 더욱 악화될지도 모른다'고 말했다고 한다.

<<일본의 비굴한 태도가 상대국의 요구를 초래하는 악순환>>

중국 정부도 일본 측에 '센카쿠열도(오키나와 이시가키시, 중국명 댜오위댜오)문제로 양보가 없으면 수뇌회담은 없다'고 타진해 왔다. 아베 신조 수상은 '문제가 있다면 상대방이 얘기해야 하며 조건 붙은 대화는 응하지 않겠다'고 단언했다.

민주당 간 나오토 정권하에서는 중국어선이 일본의 순시선과 충돌한 비디오를 공개하지 않고 선장들을 즉시 귀국시켰다. 이것은 후진타오 국가주석의 방일을 실현시키기 위한 것이었다는 것이 후에 판명됐다. 일본의 전 국민은 간 나오토 수상이 아첨하듯이 '후진타오 각하'에게 인사말을 하는 비디오 영상을 보았을 것이다. 이러한 비굴한 태도야말로 전후 일본이 한중 양국에 취해 온 외교자세였다. 한일 기본조약으로 모두 해결했음에도 불구하고 불만을 들으면 팁을 준다. 상대는 일본이 잘못을 인정했다고 보면 '좀 더 팁을 내라'고 열을 올린다.

나는 1965년 한일 기본조약이 체결될 때, 외무성 담당 기자를 하고 있었다. 한국 측은 '일제36년' 병합시대, '심한 꼴을 당했기 때문에 배상은 당연하다'고 한다. 나는 일교조(일본 교직원 노동조합) 교육을 전신으로 받으며 성장했기 때문에 일본 측 대표가 '상호 재산을 상쇄한다면 그쪽이 막대한 돈을 지불해야 할 것이다'고 반론한 것에 깜짝 놀랐다. 당시 외교당사자는 말할 것은 한다는 배짱을 갖고 있었다.

박 대통령은 '역사인식은 천년이 지나도 기억한다. 변하지 않는다'고 종종 말한다. '일제 36년의 혹독한 시대'이전에 조선은 천년에 걸쳐 중국의 속국이었다. 근년에는 청 군대가 한성에 주둔해 중국령이 되기 직전이었다. 그것을 저지하려고 일본이 일으킨 것이 청일전쟁이었다. 전쟁 후 강화조약은 거의 예외 없이 제1조에서, 패배한 측이 지불하는 배상이나 할애하는 영토를 기록하고 있는데, 시모노세키 조약 제1조는 '(지금부터)조선의 독립을 확인하고'라고 기록한다.

<<프랑스 선교사가 그린 한성의 혼돈>>

하지만 조선의 독립은 불확실해서 이번에는 러시아에 기운다. 조선반도가 러시아 식민지가 되면 일본에게는 가장 큰 위협이다. 청일전쟁 후 일본은 부국강병을 강력히 추진해 1905년에 러시아를 패배시킨 후 한국을 보호국으로 했다. 이토 히로부미 초대통감은 당초 병합에는 반대했지만 하얼빈역에서 안중근에게 암살당하고 병합론이 한층 기세를 더했다. 병합은 영미불독 외에 러시아도 인정했다.

한성의 프랑스 선교사, 다레 씨가 귀국후 1874년에 『朝鮮事情』이라는 책을 저술했다. 한성은 분뇨가 질펀하여 발 디딜 틈도 없었고 폐결핵, 한센병, 폐디스토마, 이질, 디푸스 등 전염병이 유행했다. 병합직전 해에는 일본이 들어와 경성의전과 그 부속병원을 설립하고 의사와 간호사, 위생사를 양성했다. 병합 후에 시작한 것이 학교건설이고 1945년 종전까지 경성제대 외 전문학교를 약 천개 설치, 초등학교도 5200개나 개교했다. 그 결과, 식자율은 4%에서 61%까지 올라간다. 100킬로미터였던 철도도 6천 킬로미터나 연장되었다.

박근혜 씨의 부친인 박정희 대통령 시절, 한국은 민주주의 국가로서 발전을 예감시켰다. 하지만 재임 중에 부정부패로 손을 더럽힌 대통령은 적지 않았다.

일본과 협력해 경제발전을 이룩하는 편이 용이하다고 생각하는데 일본을 위협해 돈을 뺏으려 하는 자세는 북한과 똑같다.

<<유교 사대주의와 대중영합>>

이명박 전 대통령은 '미래지향적 관계를 쌓아가자'고 하며 기대를 품게 했다. 하지만 지지율이 떨어지자 정권말기인 2012년 독도에 강행상륙하고 '천황의 사죄'를 요구하는 폭언을 토했다.

후임인 박근혜 씨는 그 이상의 반일자세를 표현하면 지위가 위험해진다고 생각하는 것일까. 박 씨는 정치, 경제를 통해 중국에 말려들어 미국에 가서 일본에 대한 비방을 열거했다. 대중영합 정치를 반복하고 있는데, 이 자세야말로 천년에 걸친 조선 역사에 대한 회귀이다.

한국은 유교사상에 물들어 있다. 일본에도 유교사상은 있지만 불교의 평등사상으로 중화되어 그 정도로 침투하지 않았다. 한국 유교는 철저하게 상하관계에 구속된 사대주의다. 강한 것에 따르기 때문에 중국, 미국에는 복종한다. 일본은 중화사상 아래 위치에 있어야만 한다.

일본이 아래에 있다는 증명의 첫 번째가 '독도점거', 두 번째가 위안부에 대한 사죄다. 사법도 한일기본조약을 무시하고 쓰시마 절에서 빼앗은 불상을 반환하지 않고 유네스코조약 위반이라는 소리에도 귀를 기울이지 않는다. 정상적인 나라라 할 수 있을까.

2013. 7. 26 제임즈 아워
한일간 '진실한 대화'를 하자
■ 반더빌트대학 미일연구협력센터 소장

지난날 박근혜 대통령의 강력한 지지자인 한국정계 장로의 초대로 3일간 서울을 방문했다. 한국의 정치가, 정치당국자, 경제인들과 만나고 북서연안에 있는 한국해군기지 방문에도 초대받았다. 유감스럽게도 내가 만난 대부분의 한국인들은 일본에 관해 부정적인 견해를 가지고 있었다.

<<위안부는 한국만 있었던 것은 아니다>>

1998년에 일본의 오부치 게이조 수상과 한국의 김대중 대통령(모두 당시)이 과거 문제에 종지부를 찍고 앞으로 나아가자는 합의를 하고 공동성명을 발표했을 때와 그들의 의견이 명백하게 달라진 이유는 무엇인가 물었다.

내가 만난 한국인의 대부분은 자신들의 자세는 98년부터 변하지 않았다고 주장하고, 현재 자신들의 태도는 위안부문제나 아베정권 고관들에 의한 야스쿠니 신사참배, 그리고 독도에 대한 일본의 입장, 역사문제에 대한 일본인들의 무신경함의 탓이라고 대답한다.

나는 현재의 일본, 한국 혹은 미국의 지도자는 누구나 45년 전쟁종결까지 중국에서 이루어진 매춘 관행을 용서하지 않았다고 말했다.

정확한 숫자는 없지만 빈농인 부모의 뜻에 따라 몸이 팔려가거나, 다른 수단으로 모집되어 일본 군인들에게 성서비스를 제공했던 한국 여성의 수가, 일본이나 중국, 다른 나라 여성보다도 많았다는 사실은 있을 수 있다.

하지만 그것은 한국인들만을 대상으로 한 계획은 아니었고, 전시 중 이런 사업으로 희생당한 모든 국적의 여성이 받은 고통에 관해 일본이 진심으로 후회하고 있다는 것은 의심할 여지가 없다.

이 시대 일본에서는 매춘은 합법이며, 점령기 일본에서도 성 서비스는 미군에 제공되었다. 일어난 사건이 옳았다는 것이 아니라, 당시 규범이 현재와는 아득히 다른 것이라는 사실이다.

일본정부 고관들이 야스쿠니 신사에 참배하는 것은 일부의 A급 전범을 찬양하기 위한 것이 아니다. 그보다 중국처럼 외국으로부터의 사소한 국내비판 조차 싫어하는 나라가, 국가에 충성을 다하고 죽음을 맞이한 일본 병사들에게 경의를 표하는 일본 정치가의 참배를 비판하는 것은 큰 모순처럼 여겨진다.

미국 버지니아주에 있는 아링턴 국립묘지는 미 대통령이나 일본, 한국을 포함한 많은 외국인 지도자들이 방문한다. 매장된 병사들 중에는 남북 전쟁 중 노예제를 지지하는 남부를 위해 싸운 자가 있음에도 불구하고 말이다. 오늘날 선진적인 세계는 노예제를 용인하지 않지만 그것을 신봉한 남군 병사들을 묘지에서 배제해야 한다고 요구하는 사람은 없다.

한국인과 대화하면서 가장 곤란한 문제는 독도였다. 일본은 자국에 유리한 법적근거 때문에 독도에 관한 일본의 견해는 변하지 않지만 일본이 독도에서 한국 군인을 쫓아버리기 위해 자위대를 파견하는 일은 절대 없으리라 생각한다. 그런데 왜 한국은 이 문제를 걱정하는가 물었다. 돌아온 유일한 대답은, 독도가 틀림없이 한국에 귀속되는 일에 일본인은 동의해야 한다는 것이다.

일본에의 불만을 듣지 않았던 한 개의 그룹이 있다. 한국 해군기지를 방문했을 때다. 북한 어뢰로 침몰된 천안함을 보았다. 거기서 만난 한국 해군장교들은 정치는 화제에 올리지 않았지만 예측 불가능한 북한의 행동에 대해 현실적으로 일본 해상자위대와 미 해군과 협력할 필요를 얘기했다.

<<청일, 러일전쟁 승리 - 한국에 대한 공헌>>

한국 자세를 개선하기 위해 무엇을 할 수 있을까. 서울에서 태어나 현재 서울에서 거주하고 있으며 반더빌트대학을 졸업한 이래 20년 이상 서울에서 일하고 있는 나의 제자가, 일본인은 한국인이 열등감을 극복하기 까지 인내하지 않으면 안 된다고 말했다. 유감스럽지만 그것이 맞을지 모르지만 박 대통령은 아베신조 수상과 타협할 수 있으리라 기대한다.

이것은 일본인이 결코 말할 수 없지만 일본이 청국과 싸워 1895년에 청국을 패배시키고 러시아와 전쟁을 해 1905년에 러시아를 무너뜨린 것은 똑같은 이유였다. 이것은 한국인에게 있어 일고할 가치가 있을 것이라고 생각한다. 일본은 반한국은 아니지만 한국이 청국이나 러시아에 지배당하는 것을 두려워했다.

만약 청국이 그 전쟁에서 승리했다면 한국은 현재 중국의 식민지가 되어 있었던지, 러시아가 그 다음 전쟁에서 승리했다면 러시아의 식민지가 되어있을지 모른다. 일본의 승리는 결국 한국을 자유시장 경제의 민주주의 국가라는 현재의 지위로 이끌었던 것이다.

2013. 9. 12. 츠쿠바대학 대학원 교수 후루타 히로시
■ '불합리한 역사' 다시 쓰는 한국

말할 필요도 없지만, 역사 속에 미래는 없다. 만약 있다면 장래 이득을 얻으려고 모두 역사학자가 될 것이다. 하지만 그렇지 않기 때문에 역사 속에는 미래가 없다.

<<역사 속에 미래가 있다고 믿으며...>>

그렇지 않고 '역사는 극복하는 것'이다. 역사를 연구하기 위해 사료를 읽는다. 그럼 거기서 나오는 것은 지금까지 경위 설명과 민족의 행동 패턴뿐이다. 이 경위를 알고 패턴이 좋지 않다면 변경하고 다른 방향으로 넘어간다. 모른다면 미래로 향하는 방향조차 모르기 때문에 과거를 연구하는 것이다.

지금 한국의 광기와 같은 반일은 '역사 속에 미래가 있다'고 생각한 결과, 자신들에게 불합리한 역사자체를 바꾸고 싶다는 의욕이 생긴다.

이 뿌리는 김영삼 대통령의 '역사의 정립' 운동에 있다. 서울 조선총독부 건물을 파괴하고 독도를 정치선전에 이용하기 시작해, 종국에는 일본인이 식민지시대에 땅속에 말뚝을 박아 한국인들의 원기의 본질인 풍수 지맥을 끊어버렸다며 전국 말뚝 뽑기 운동까지 시작했다.

노무현 대통령 시대인 2005년에는 '진실, 화해를 위한 과거사 정리 기본법'이라는 역사상 유래없는 과거 소급법을 만들었다. 그리고 식민지시대 친일파의 자손을 탄압하기 위해 그들의 재산을 몰수하는 특별법을 시행했다.

최근에는 1965년 국교 정상화 때 한일청구권협정에서 이미 해결이 끝난 문제를 다시 문제 삼아 식민지시대 징용병에 대한 배상을 일본기업에 명하는 판결이 나오거나, 도둑맞은 불상 반환을 거부하거나, '욱일기(일본 군국주의를 상징하는 깃발) 때리기'가 일어나거나, 박근혜 대통령이 '가해자와 피해자 역사는 천년동안 변하지 않는다'고 말한 것도 '역사 속에 미래가 있다'고 생각한 결과이며, 자신들에게 곤란한 역사를 바꾸고 싶다는, 즉 거꾸로 가는 미래를 지향하는 것이다.

<<일본에 의한 근대화이식을 부정>>

일본인이라면 누구나 멋대로 역사인식을 바꾸어서는 안 된다고 생각한다. 하지만 사실 일본인 모두가 그런 것은 아니다. 예를 들면 '역사 속에 미래가 있기 때문에 과거를 더듬으면 좋다'는 잘못된 사상은, 사실 전 세계의 좌익과는 친근한 것이다. 마르크스의 '오늘날까

지 모든 사회의 역사는 계급투쟁의 역사'라는 역사관은 현대 계급투쟁을 과거까지 거슬러 올라간 것이며, 그러한 사상을 믿었던 역사교과서에서는, 일본의 귀족과 무사가 계급투쟁을 하고 있는 것처럼 그려진 때가 있었다.

한국에서도, 이씨 조선시대는 멋진 시대였으며 후기에는 자본주의가 싹텄다, 그것을 잘라낸 것이 일본이라는 '자본주의 맹아론'은 한국에서 검정 받은 '세계사 교과서'에 상식처럼 나타난다. 이조말기에는 일본인도 외국인도 사진기를 가지고 조선에 갔다. 염료가 없어 백의를 입은 사람들이 하릴없이 불결한 시장에 모여 있는 사진은 인터넷을 켜면 얼마든지 볼 수 있다. 근대화는 일본이 이식한 것이다.

한국인은 그것을 인정하는 것이 싫어서 일제시대를 부정하고 싶다. 역사를 바꾸고 싶다는 충동이 먼저 생긴다. 사실 욱일기(일본 군국주의를 상징하는 깃발) 뿐 아니라 히노마루(일본의 국기, 일장기)도 부정하고 싶다. 자신들의 블루와 레드가 뒤섞인 태극기 원을 보는 편이 낫다. 아님 욱일기가 회사 깃발인 아사히신문사에 상담하던가.

법을 바꿔 과거를 단죄하려고 하면 법치국가 자격을 잃는다. 근대법도 일본이 한국에 전해 준 것이다. 그 증거로 한국 법률용어의 대부분은 일본 유래의 것이다. 하지만 운 좋게 받은 근대법의 정착과 운용은 한국에서 잘 이루어지지 못했다. 자국에 비판적이라고 해서 일본에 귀화한 여성평론가 입국을 거부하는 등, 노무현 좌익정권시대 청와대 통일외교안보 수석비서관이었던 현재의 외무장관인 윤병세 씨는 어떻게 생각할까.

<<중국, 한국, 북한이 생각하는 것은 실재>>

또 한 가지 문제는 한국뿐 아니라 북한과 중국에도 있다. 3개국은 소위 초(울트라) 실념론 나라들이다. 이것은 '생각하고 있는 것은 실재'라는 사상에 의해 생긴다. 중국 공산당의 '핵심적 이익'이 그것이며, 티벳과 위구르, 남지나해와 동지나해도 센카쿠열도(중국명 댜오위다오), 오키나와도 몇 백 년 전부터 중국의 '영토'였다. 따라서 중국인의 것이라는 것이다. 논리도 뭣도 아닌, 일본인에게는 괴이한 사상이다.

한국도 역사적으로 공유한다. 풍수를 믿고, 일본인이 말뚝을 박아 맥을 끊어버렸다고 생각하는 전국 말뚝 뽑기 운동이 시작되었으며, 뽑은 말뚝을 보고 역시 일본인은 악랄하다고 결론짓는다.

근대 민법전을 이식하고 조선 민중을 안도시킨 일본이, 이씨왕조의 납치범처럼 폭력적이며 징용하거나 위안부를 강제 동원할 리가 없다. 그것은 북한의 특기이다. 하지만 '생각하고 있는 것이 실재'라는 사상이, 항상 그들의 근대적 사고를 저해한다. 결국 중국과 북한은 공산주의 '종이호랑이'이고 한국은 자유주의의 '실패자'이다.

2. 일일시세계(日日是世界)

<(日日是世界) 국제정세분석> 2012. 9. 25
'독도' 외면하고 일중에 자제 요구하는 한국

　일본정부의 센카쿠열도 국유화를 계기로 중국의 반일데모 확산 후, 영토분쟁에 관한 한국여론에 미묘한 변화가 일기 시작했다. 독도문제에 애국심을 부추겨 온 것을 제쳐두고 한국 미디어가 일제히 '북동아시아 평화를 위협'한다고 일중 쌍방에 자제를 촉구하는 여론을 표명했다. 한국은 독도뿐만 아니라 중국과의 사이에서도 "영토분쟁"을 안고 있으며 자국에 불똥이 튀기는 것을 두려워하고 있는 것 같다.
　'세계 2위, 3위의 경제대국에서 한국과 근접한 중국과 일본의 분쟁은 극동아시아의 평화와 안정에 대한 중대한 위협이다'. 유력지 중앙일보(전자판 17일)는 사설에서 이렇게 논하고 '중국이 한 일을 일본이 모방해 독도에 새로운 도발을 할 가능성도 있다'고 독도문제 재연을 우려. '무인도를 위해 전쟁할 것이 아니라면' 일중 쌍방에 자제와 냉정함을 강조했다.
　동아일보(19일)도 '중국과 일본은 국교 40년을 맞이한 우호국임을 잊지말라'고 제목을 단 사설에서, 노다 요시히코 정권이 인기회복을 위해 '민족주의'를 부추기고 있다고 하는 한편, 중국도 권력유지에 '일본과의 영유권 분쟁을 활용하고 있다'는 분석을 소개, 쌍방에 자제를 요구했다. 센카쿠문제는 남의 일이라고 하지만, '독도'로 민족의식을 불러일으켜 온 사실은 외면하고 있다.

중국의 반일데모가 정점을 치닫고 있는 와중에 중앙일보(18일자)는 한국의 자치단체가 작성한 역사교재에 대해 흥미 깊은 사설을 게재했다. 교재는 중국 동북지방의 일부를 '한국령'이라고 기술하고 있는데, 이것이 원인이 되어 '중국의 공격을 받을 가능성'이나 '중국과의 외교문제로 발전할 여지'가 있다고 반성을 촉구했다. 일본에 '역사왜곡'을 주장해 온 것과 비교해, 중국에 대해서는 훌륭한 마음가짐이다.

한중은 중국 동북지방 역사인식으로 대립해 왔고 동지나해 암초를 둘러싸고 영해분쟁을 갖고 있다. 중앙일보 사설에서 한일, 일중이 이번에는 한중분쟁으로 번지는 것에 대한 우려가 부상한다. 조선일보(19일)는 사설에서 '중일 양국은 지금 영토 확장의 야심을 갖고 있으며 군사력을 과신하고 있는데, 국민을 혈류와 재난으로 끌고 들어온 100년의 역사를 상기하며 자제심이 발휘되지 않으면'이라고 논한다. 그러나 청일, 러일전쟁에 이어 한일병합에 이른 100년 전처럼 주변국 분쟁에 우롱당할 '악몽'은 꾸고 싶지 않다-. 이것이 한국의 본심은 아닐까.

(日日是世界) 세계 국제정세 분석 2013. 3. 5.
'다케시마의 날' 한국보도에 미묘한 온도차

시마네현이 2월 22일에 개최한 '다케시마의 날' 식전에 대해, 자민당이 작년 중의원선거 총합 정책집에 정부주도의 개최를 명기한 것과, 박근혜 대통령의 취임식 직전이라는 것도 있어 한국 미디어는 예년 이상으로 이날 식전에 주목했다.

한국 각 신문(전자판)이 일본정부 대표로서 내각부 정무관이 처음으로 식전에 출석한 것을 강하게 비난하는 주장을 펼치는 한편, 동아일보는 냉정한 대응을 촉구했으나 조선일보나 중앙일보는 사설에서 이 문제를 거론하지 않아, 보수계열의 주요 신문은 신정권 스타트 직전이라는 미묘한 시기에 배려하는 자세를 취했다.

혁신계 경향신문은 2월 22일 사설을 '"다케시마의 날" 격을 격상한 아베 내각의 악수(惡手)'라는 제목을 달고, 정무관 파견에 대해 '극우 민족주의 본모습을 다시 한 번 드러냈다'고 비판했다. '악수(惡手)'는 바둑에서 패배의 결정패가 되는 요인이다.

한편, 사설은 보수계 박근혜 정권에 대해서도 '일본과의 성급한 협력이나 성급한 반목 모두 독이 될 가능성이 있음을 잊어선 안 된다'고 못을 박았다. 나아가 '센카쿠 열도를 둘러싼 중국과 일본의 영토분쟁이 격해지는 상황에서 박근혜 정권이 성급히 한국, 일본간 군사협력을 강화한다면 한반도 주변 정세를 개선하기는커녕 긴장을 더욱 높일 뿐'이라고 경고했다.

경제신문인 매일경제는 2월 23일 사설에서 '한국정부는 항의성명으로 끝나선 안 된다. 독도의 접안시설이나 방파제, 해양과학기지 등 독도주권을 더욱 강고히 할 조치를 취해 일본의 영토야심에 정면으로 대응해야 한다. 독도 홍보예산도 증액하고 미국, 중국과의 외교적 공조도 강화해야 한다'고 구체적 대응책을 논하고 있다.

유력 신문인 동아일보는 2월 23일 사설에서 '한일양국은 복잡다기한 현안을 안고 있다. 북한의 핵실험이나 한중 자유무역협정(FTA), 침체된 영역 내 경제와 중국의 급부상, 미국의 아시아회귀에 따라,

국제사회와 공동으로 대처할 것이 한두 가지가 아니다. 이럴 때 자유민주주의와 시장경제, 법치국가라는 가치를 공유하는 양국의 과거 역사에 족쇄가 매여 등을 돌린다면 모두 손해를 본다'고 자중을 촉구하는 논조를 전개했다.

3. 사설검증(社說檢證)

<社說檢證> 2012. 8. 27. 이 대통령의 독도방문
■ 산케이신문 '온건주의에서 벗어나라' '대국에 선 외교를' 아사히

일본외교의 진가가 요구되는 중대사건이 이어졌다. 한국 이명박 대통령에 의한 시마네현 독도의 상륙강행(10일)과, 홍콩 활동가에 의한 오키나와현 센카쿠열도에의 불법상륙(15일)이다. 모두 일본의 주권을 짓밟는 행동이다.

특히 독도는 한국이 반세기 이상 불법점거를 지속하며 역대 대통령이 상륙을 보류하는 외교배려를 보여준 만큼, 충격이 크다. 6개 신문이 모두 사설에서 다루었다.

산케이신문은 이대통령의 행동을 '한일 신뢰관계의 근간을 부정하는 폭거'라고 단언하고, 노다 요시히코 정권이 '영토주권으로 단호한 자세를 보여주지 않으면 한국에 의한 독도 불법지배는 점차 강화된다'고 경종을 울렸다.

다른 신문은 '장래의 한일관계에 큰 화근을 남기는 어리석은 행동'(닛케이)이라는 비판 외에도, '대통령의 성급함에는, (위안부문제를 뒤집은 것에 더해)한층 실망을 금할 수 없다'(요미우리), '임기 태반은 좋은 관계를 쌓아온 만큼 실망감은 깊다'(도쿄)라고, 이 대통령에 건 기대가 배반당한 것을 강조하는 논조도 보였다.

독도문제로, 일본정부가 국제사법재판소(ICJ)에 공동제소를 제안

한 것에 대해서는, 요미우리가 '독도에 관한 일본 영유권의 정당성을 국제사회에 널리 알리고, 인지시키는 의의는 크다'고 논하는 등 6개 신문 모두가 지지하는 견해를 나타냈다.

그 중에서 산케이신문은 제소를 거부한 한국정부 자세에 주문을 붙였다.

'"글로벌코리아"를 표방하는 한국이 영유권 정당성에 자신감이 있다면, 왜 국제적인 심판의 뜰에 등을 돌리는가'

독도문제와는 별개로, 이 대통령이 회합 석상에서 천황폐하를 언급하고 '한국을 방문하고 싶다면 돌아가신 독립운동가에게 사죄할 필요가 있다'고 사과를 요구한 것에 대해서는, 산케이, 마이니치, 요미우리가 사설의 테마로 거론했다.

마이니치신문은 '일본국민의 신경을 자극하는 발언을 주저하지 않는 현 상황은 너무 자극적이며 너무 위험하다'고 이 대통령에게 강한 자제를 요구했다. 산케이신문은, 이 대통령의 '폭언'에 대해서도, 신속하며 명확하게 발언 철회와 사죄를 요구하지 않은 노다 정권에 대한 비판으로 들어갔다. '확고한 자세를 나타내지 않으면 같은 사태가 반복될지' 모르기 때문이다.

한국정부는 노다 수상이 이 대통령에게 보낸 친서를 반송하는 등 외교상, 무례라고 할 만한 대응을 이어오고 있다.

산케이신문은 구체적인 대항조치로서 ▽당분간 수뇌회담 취소 ▽이번 달 하순 개최예정의 한일재무대화 연기 ▽한국이 이름을 올린 EU안보리 상임이사국 진출 불지지 표명 - 등을 들었다. 하지만 다른 신문에서는 자중과 자제를 요구하는 논조도 눈에 띈다.

위안부문제로 일본에 사죄와 보상을 요구하는 한국의 주장에 이해를 표시하는 **아사히**는, 경제와 과학기술 분야 대화를 그만두면 일본에도 불이익이 발생한다고, '대항조치와 대국적 견지에 선 외교를 현명하게 조직할 필요가 있다'고 지적했다. **닛케이신문**도 대항조치를 경제 분야까지 확대하는 것에 의문을 나타내고, '감정에 맡긴 과잉반응은 신중해야 한다'는 견해다.

그러나 한국이 영해에 일방적으로 '이승만 라인'을 긋고, 독도를 불법 점거했음에도 불구하고 일본 역대정권은 그 부당성을 충분히 호소하지 않았다. 온건주의 외교가 이번 사태를 초래했다.

지금이야말로 '일본이 독도를 둘러싼 "잃어버린 시간"을 되돌리는 호기'(산케이신문)이다.

2012. 10. 1. (社說檢證) 아베 신조 총재의 헌법개정 실현 압박, 산케이·요미우리

■아사히, 매일신문은 '담화' 수정을 우려

자민당 신총재에 아베 신조 전 수상이 선출되었다.

'(당은)일본이 안고 있는 난국을 타개할 "최후의 카드"를 골랐다'는 산케이신문의 기사처럼, 내정, 외교, 경제 모두 지금까지 없었던 어려운 상황에 직면하고 있다. 그 중에서도 센카쿠열도를 둘러싼 중국의 공격이나 독도, 북방영토문제에 대한 대처는 최대의 난제다.

산케이신문은 '근래 3년간 민주당정권의 불규칙한 움직임이 일본을 약체화시키고 오늘날의 국난을 초래했다'고 총괄한 뒤, '"강한 일

본(強い日本)"을 구축해 나가는 것이야말로 아베 씨의 역사적 사명'이라 논했다.

또한 아베 씨가 헌법 개정을 지론으로 해, 집단적 자위권 행사용인에 의한 일미동맹을 심화시킬 것을 주장하는 것에 대해서도 '금후 실행력이 요구된다'며 실현을 향한 강한 각오를 주장한다.

요미우리신문은 '중국에 강경 일변도의 자세로는 관계개선은 바랄 수 없다' 면서도 집단적 자위권 행사용인에 의한 일미동맹 강화나 헌법 개정에의 착수, 소위 종군위안부문제에 대한 '고노담화' 재검토에 적극적인 아베 씨의 자세를 '모두 타당한 사고방식'이라고 평가하며, 실현을 위한 구체적 방안을 촉구했다.

앞서 사설(9월 7일자)에서 아베 씨의 역사인식을 강한 어조로 비판한 아사히신문은, 이번에도 역시 '반(反)아베' 색을 선명히 했다. 총재선거 결과도 '소위 소거법적인 선택'이라고 냉담했다. 아베 씨가 '고노담화' 재검토나 야스쿠니신사 참배에의 의욕을 보이는 것에는 '아베정권이 생겨나 이것들을 실행한다면 어떻게 될까. 큰 불안'이라고 반발했다.

'고노담화' 재검토에서는 마이니치신문도 '고노담화에서 문제를 정치 결착시키려 한 과거의 진지한 노력을 업신여겨선 안 된다'며 견제했다.

'원자력발전 제로'에는 반대하고 있는 아베 씨지만, 산케이와 요미우리는 '싸고 안정적인 전력을 확보하기 위해 원자력발전 가동이 불가결하다는 입장을 명확히 해야 한다'(산케이), '안전한 원자력발전은 활용해서 전력을 안정 공급할 수 있는 에너지정책에 관해 당내에서도 논의를 거듭해 책임 있는 대안을 마련해야 한다'(요미우리)며 더욱 세심한 태도를 표명하라고 주문했다.

이에 대해 도쿄신문은 지금까지의 사설과 마찬가지로, 반원전의 입장에서 '원자력발전 가동 제로로 방향을 바꾸면 어떨까' 제언했다.

소비세 증세문제에 대해서는 디플레가 이어지고 있는 한 세율을 높여선 안 된다는 아베 씨의 주장에 3개 신문이 다른 주장을 했다.

'섣불리 소비세 증세를 미룰 상황이 아니다'(산케이신문)

▽'"경기조항"에 너무 얽매여서는 연기론을 가속시킬지 모른다'(마이니치신문)▽'인상이 있을지 없을지 애매해선 기업도 소비자도 당황한다'(닛케이신문)-.

그럼 3년의 야당시대를 거쳐 자민당은 변했을까. 요미우리는 '(파벌대표가 아닌 2인이 결선투표를 치른 것은)파벌의 합종연횡(合從連衡 : 약자끼리 연합하여 강자에게 대항)한 변화를 나타낸다'고 보는데, 마이니치신문은 '지방표 결과를 뒤집은 선출극은 파벌을 부정할 수 없는 당의 본질 반영'이라고 단언했다. 산케이신문도 '파벌 영향력이 남는 당본질의 개혁이 시급하다'고 자민당의 본질개혁을 촉구했다.

산케이신문은, 자민당이 환태평양 전략적 경제연계협정(TPP)참가에 신중한 것에 대해서도 '선거를 생각해 특정업계와 통해서는 "낡은 자민당"이라는 인상을 씻을 수 없다'고 고언을 한다.

과거 정권을 잃어버린 '반성'을 살릴 수 있는지 없는지, '아베 자민당'에 대한 판단의 시금석이 될 것은 틀림없다.

■ '아베 신총재' 선출에 대한 사설

(9월 27일자)

산케이신문 '강한 일본' 재생책을 논하라/정권탈환에 반성 살릴 수 있을까

아사히신문 '불안 씻는 외교론을'

마이니치신문 '낡은 자민'으로 회귀하지 말라

요미우리신문 '정권탈환에의 정책력을 높여라/보수지향의 재등판 순풍으로

닛케이신문 '아베 신총재는 "결정하는 정치"를 진행하라'

도쿄신문 '표지를 바꾼 것만으로는'

■ 이 대통령 독도방문에 관한 사설

산케이신문
* 폭거 용서치 않는 대항조치를 취하라(11일자)
* (독도제소거부)한국은 왜 등을 돌리는가(23일자)

아사히신문
* 대통령의 분별없는 행위(11일자)
* (독도제소)대국적 견지에 선 한일관계를(23일자)

마이니치신문
* 깊은 가시를 어떻게 뽑을까(12일자)
* (영토외교)국제여론을 내편으로 만들라(21일자)

요미우리신문
* 한일관계를 악화시키는 폭거다(12일자)
* ("독도"제소로)일본 영유의 정당성을 발신하라(18일자)

닛케이신문
*한국대통령 독도방문의 어리석음(12일자)
*독도문제제소를 한국의 깊은 반성을 촉구할 기회로(22일자)

도쿄신문신문
*한일 미래지향 깨뜨렸다(12일자)
*("독도"국제제소)대립확대 피하는 인내를(18일자)

제3장 아사히신문(朝日新聞) 주요 오피니언 번역

1. 사설(社說)

2012. 8. 11. 사설(社說)
■ 독도방문은 MB의 분별없는 행동

한국의 이명박 대통령이 독도를 방문했다. 독도는 한일 양국이 모두 영유권을 주장하고 있다. 지금까지 한국 국무총리가 방문한 적은 있었지만 대통령 방문은 처음이다. 스스로 '가장 가까운 우방'이라고 한 일본과의 관계를 위태롭게 한 것은 책임 있는 정치가의 행동으로는 보기 어렵다. 일본 정부는 강하게 항의하며 주한대사를 소환했다. 한일 관계가 냉각되는 것은 피할 수 없다. 사태를 진정시킬 책임은 우선 대통령에게 있다. 본래 경제계 출신의 실무가이며 2008년 취임 직후부터 '미래지향적인 한일 관계'를 지향했다.

양국관계는 독도문제로 흔들리면서도 양호했다. 그것이 근래 1년 정도 전부터 급속하게 이상해졌다. 전 종군위안부 문제가 계기가 됐다.

한국 헌법재판소의 결정을 받은 작년 말 수뇌회담에서 이 대통령은 위안부문제를 거론하며 노다 수상에게 해결을 촉구했고 이에 대해 수상은 '법적으로 해결이 끝났다'는 입장을 전하며, 서울 일본대사관 앞에 선 위안부기념상 철거를 요구했다.

하지만 이번 대통령의 등을 떠민 것은 이러한 현안이라기보다는 본인의 신변문제는 아닐까. 내년 2월에 임기가 만료되기 직전에 대통령 주변에서는 친형과 측근 체포가 이어졌다. 경제격차가 커짐에 대한 불만도 강하고 정권은 이미 힘을 잃고 있다.

15일 광복절 전에 영토에 대한 강경한 자세를 표시할 목적이겠지만 한국 국민이 일시적으로 들끓어도 생활에 플러스가 되는 것은 아니다. 이미 정권 부양에도 연결되지 않는다. 거꾸로 독도 영유권 문제가 끝나지 않았다는 인상을 국제사회에 던질 것이다.

내정이 막혔을 때 위정자가 국민의 눈을 외부로 돌리는 것은 역사적으로 수차례 존재했다. 내셔널리즘을 부추기는 영토문제는 가장 좋은 재료다. 하지만 그러한 분쟁의 씨앗을 잘라내는 것이야말로 지도자 최대의 책무다. 이 대통령은 이러한 태도와는 정반대로 움직였다고 말할 수 있다.

근린제국과의 현안을 전혀 해결할 수 없었던 일본정치의 무력함도 방치할 수 없다. 어떤 정당도 이것을 정국의 재료로 할 것이 아니라 냉정하게 이 문제에 직면해야 한다.

도쿄에서 한국 팝스타 공연에 수만 명의 일본인이 모이고 서울 번화가에서는 한국인 점원이 일본어로 관광객을 맞이한다. 시민 교류는 전에 없던 활황을 맞이하고 있다.

이것을 정치가가 후퇴시키는 일은 용서할 수 없다.

2012. 8. 12. 사설(社說) <좌표축>
■ 한국 대통령 독도방문 대국답지 않은 행동

4년 전, 북경 올림픽 개막일에 그루지야를 침공한 것은 러시아였다. 이번에 런던 올림픽이 한창일 때 허를 찌른 것은 이명박 대통령의 독도행이었다.

한일 축구 3,4위전을 앞둔 것은 우연일까. 월드컵 한일 공동개최로부터 만10년, 한류 붐이 정착하고 양국의 왕래는 연간 500만 명을 넘어 진정한 이웃나라가 되고 있는 시점에 정말 놀라운 퍼포먼스다.

일본과의 관계를 소중히 해왔던 대통령답지 않은 행동과 정권말기에 강경한 대일자세를 취하는 것은 민주화 이래 한국의 습성. 특히 신앙의 대상과도 같은 '독도'는 최후의 보루와 같다.

왜 독도문제로 이렇게 들끓는 것인가. 그것은 일본의 견해와 다르며, 일본에 의한 1905년 독도편입이야말로 한국병합에의 첫 무덤이었다고 보기 때문이다. 즉 이것은 역사문제인데 나아가 다음과 같은 심층심리가 있는 것 같다.

* **민주화가 푼 봉인**

한국에는 일본에 동화를 강요당해 전쟁에 참가한 고통뿐만 아니라, 자력이 아닌 미국의 힘으로 해방을 얻었다는 굴욕감이 있다. 그 점에서 이승만 대통령은 이미 일방적으로 자국에 편입시킨 독도에 민간 의용수비대와 연안경비대를 보내 일본 어민을 배제시키거나 순시선을 총격하기도 했다. 이로 인해 자력에 의한 영토탈환을 달성했다는 생각이 있는 것은 아닐까. 그래서 독도가 독립의 심볼인 것이다.

박정희 대통령이 한일 국교를 정상화한 1965년에는 독도분쟁을 보류하겠다는 암묵적 합의가 있었다. 하지만 그것을 때때로 망각하고 군사정권 퇴장과 함께 민주화에 의해 점차 봉인이 풀어졌다.

이명박 대통령에게 괴로웠던 것은 종군위안부 단체가 강경한 대일자세를 취하던 작년, 헌법재판소에서 문제 교섭을 압박한 것이다. 외교에 재판이 끼어드는 의외의 전개에 노다 정권이 응하지 않았다.

동일본대지진에서는 지원을 아끼지 않고 후쿠시마 제1원전 사고 후에는 중국수뇌와 후쿠시마에서 앵두를 먹어 보였던 이 대통령 이였다. 그런데 자신의 상황은 이해해 주지 못하는가...독도문제에서도 강경한 노다 수상에 대해 서운한 마음이 있었다.

하지만 일본도 국내에서 '굴욕외교' 비판이 있던 와중인 재작년 '병합100년'에 간 나오토 수상이 사죄담화를 발표하는 등 배려를 표명했다. 위안부문제에 대해서는 한국정부도 당사자의 능력이 부족하고 독도문제에는 일본국내에 격렬한 압박도 있다. 그럼에도 불구하고 보란 듯이 독도를 방문하여 신경을 건드리는 것은 대국의 원수다운 행동은 아니지 않을까.

* '의연' 외교의 공죄

센카쿠열도에서는 중국어선이 잡히고 북방영토에서는 푸틴 러시아 대통령의 '분배'발언에도 불구하고 메드메데프 수상이 쿠나시르섬을 재차 시찰. '일본외교가 저자세이니 무시당한다'는 사람도 있지만, 지금 정권에게 요구되는 것은 수상이 차례차례 바뀌며 일관성을 상실한데다가 야당이나 당내에서도 발목을 붙잡혀 진정한 외교를 할 수 없는 것이다. 이래선 허점이 보이게 된다.

최근에는 '의연'을 의식한 나머지, 상대 품에 들어가는 외교도 부족하다. 어느 나라든 외교는 내정의 연장이며 수뇌는 모두 괴롭다. 좋은 해결책이 없어도 자신의 곤경이나 심정을 이해해 주는 상대에게는 적어도 스스로 나서 싫어할 만한 일은 하지 않을 것이다. 이번 독도방문에서 보이는 것은 그러한 교훈이다.

그렇다고 해도 모두 전쟁처리와 얽힌 '사해의 파도가 높은' 영토문제이다. 이것은 단순히 '의연'히 풀어 나갈 수 있는 문제는 아니다. 신중히 절제하며 강약의 전략을 짜야할 때이다.

2012. 8. 15. (社說)
■ 전후 67년의 동아시아 글로벌화와 역사문제

전역자를 조용히 추도하는 8월이, 역사를 둘러싼 시끄러운 논쟁의 계절이 된 것은 언제부터일까. 일찍이 일본 수상에 의한 야스쿠니 신사참배가 근린제국의 비판을 불러일으켰다. 종전으로부터 67년이 된 올 여름, 이번에는 이웃나라에서 새로운 불씨가 날아들었다.

'독도는 우리의 영토이며 목숨을 걸고 지켜야 한다'

한국의 이명박 대통령이 일본과 영유권분쟁이 있는 독도에 대통령으로서 처음 방문한 것은 지난주다. 어제는 일왕 방한의 가능성을 언급하며 '독립운동으로 돌아가신 분들을 방문해, 마음으로부터 사죄한다면 오라고 (일본 측에) 말했다'고 했다.

대통령의 행동이나 발언의 진의는 불분명하다.

한국병합이나 구 일본군 위안부 문제를 둘러싸고 한국 내에서는 뿌리 깊은 대일비판이 있다. 일본의 식민지배로부터 해방을 축하하는 15일 광복절을 앞에 두고, 이러한 여론에 불을 붙이려 했다면 가장 위험한 발상이다.

* '외부'를 향한 불만의 화살

　동지나해에는 또 다른 불씨도 있다. 일본과 중국이 각을 세운 센카쿠열도다. 중국 감시선이 반복해 일본 영토에 침입해 긴장이 이어진다.

　중국도 역사에는 뜨겁다. 특히 항일전의 과거를 미화하는 애국교육을 받은 세대가 중국의 대국화에 자신감을 갖고 내셔널리즘 온도를 높이고 있다.

　일견 파도가 높은 동지나해지만, 발밑에는 다른 풍경이 펼쳐진다. 한중일은 경제적으로 깊이 얽혀있으며 많은 관광객이 상호 왕래하고 있다. 한류 드라마가 일본 텔레비전에서 방영되지 않는 날은 없으며 일본제 애니메이션이나 대중문화는 한국과 중국에 침투하고 있다. 상호 안정된 관계를 필요로 한다.

　하지만 역사나 영토문제가 되면 갑자기 서로 으르렁거린다.

　그것을 가속시키는 것이 글로벌화 진전이다. 사람이나 돈이 국경을 넘어 교류하는 시대에는 경쟁 격화나 격차 확대를 앞두고 일국 단위의 정치는 한계가 있다. 곤경에 처한 정치가들이 사람들의 불만을 '외부'로 돌리려고 한다.

　국경을 낮추는 글로벌화 진전이 내셔널리즘을 자극하는 역설이다.

* 상호의존에 의지하지마라

　역사에는 쓰디쓴 선례가 있다.

　100년 전 유럽은 각국이 깊은 상호의존을 통해 번영을 향유했다.

1914년 여름. 오스트리아 황태자 암살을 계기로 그것이 붕괴된다. 독일의 대두로 격화된 열강 간 대립에 대중의 내셔널리즘이 불을 붙이고 제 1차 세계대전을 초래했다.

물론 이번 동아시아 정세와 당시의 유럽을 똑같이 논할 수는 없다. 그러나 국제사회의 균형이 깨질 때 외교의 실패가 초래하는 위험은 명심할 필요가 있다.

되돌아보면 일본과 근린제국과의 역사문제는 전후 오랫동안 봉인되어 있었다.

동서냉전 아래 한반도는 분단되어 있었고 중국은 공산주의 진영에 있었다. 일본과 대미관계를 우선해 식민지지배나 침략전쟁의 과거를 직시하는 일을 미뤄왔다.

냉전이 끝나고 이러한 역사문제가 부상했다. 한국에서는 민주화가 진행되고 공산당 독재하의 중국에서는 사람들이 말할 수 있는 언론 공간이 확대됐다.

나아가 경제발전에 의한 자신감이 국가의식을 부추기고 있다.

전쟁에서 멀어질수록 직접적인 경험이 없는 세대에게 있어 역사는 자국에게 기분 좋은 '이야기'로 변용되기 싶다. 시대가 흐를수록 화해는 곤란해지는 면도 있다.

* **미래와 과거 공유를**

그럼 역사문제를 어떻게 마주봐야 할까.

그 점에서 일본을 포함한 각국 정치지도자의 책임은 무겁다.

국내에 내셔널리즘 여론이 높아졌을 때 그것을 진정시키는 것이야말로 정치가의 역할이다. 하지만 경제나 문화 교류의 확대를 무시하고 무경계하지는 않는가.

하물며 정치적인 의도로 여론을 부추기거나 하는 것은 논외다.

역사인식 문제에 대해 사회로서 감당할 필요성도 있다. 역사는 한쪽이 옳고 한쪽이 그르다는 이원론으로는 해결할 수 없다. 그렇다고 해서 국가의 숫자만큼 역사관이 존재한다고 하는 상대주의에 파묻혀서는 다양한 사람들이 공존하는 세계는 실현할 수 없다.

중요한 사실은 기본적인 사실인식을 공유하면서 상호이해를 심화시키는 것이다.

오늘날 이미 일국 단독의 역사를 쓰는 것은 불가능하다. 타국과의 관계 안에서 비로소 자국의 모습이 보인다.

역사인식을 좁히는 일은 쉽지 않다. 길고 험난한 도정을 각오하지 않으면 안 된다.

그래도 미래를 함께 만들어 가려는 자들은 과거에 대해서도 서로 마주보지 않으면 안 된다.

2012. 8. 29. 조간 오피니언 (社說)

■ 근린외교 도발에 휘둘리지 마라

북경에서 니와 우이치로 주중대사의 차가 습격당했다.

사건의 배경은 분명하지 않지만, 일국의 대사가 신체의 안전을 위협당하는 것은 일어나서는 안 되는 사건이다. 중국정부에 진상규명과 재발방지를 강력하게 요구한다.

중일관계는 지금 중요한 국면에 있다. 홍콩 활동가들이 센카쿠열도에 상륙한 것에 이어 중국각지에서 반일데모가 일어나고 있다. 이런 때야말로 양국 정치가에게는 냉정한 대응을 바란다.

하지만 일부 정치가는 반대로 상대를 도발하는 듯 한 언동을 반복하고 있다.

이시하라 신타로 도쿄 도지사가, 도쿄도가 구입을 계획하고 있는 센카쿠열도 상륙을 요구하고 있다. 실현된다면 중국과의 긴장이 더욱 팽팽해질 것은 분명하다.

정부가 도쿄도의 상륙신청을 기각한 것은 당연하다. 정치가의 무분별한 언동은 일본만 있는 것은 아니다.

이명박 전 대통령의 독도방문은, 한일관계를 쓸데없이 악화시키는 행동이었다.

이 전 대통령은 독도방문의 이유로 구일본군 위안부문제에 진전이 없음을 거론했다. 이에 관해서도 이시하라 씨는 '(위안부는)강제성이 있었던 것이 아니라 돈을 위해 자신이 선택한 것이다. 일본군이 조선인에게 강요해 매춘을 시킨 증거가 어디에 있는가'라고 한국국민의 감정을 긁는 발언을 했다.

그리고 마츠바라 국가공안위원장은 '(구일본군 관여를 인정하고 사죄한 93년)고노 관방장관 담화의 내용에 관해 각료 간 논의가 있어야 한다'고 말했다.

일단 죄는 이 전 대통령에게 있다. 하지만 이런 도발적인 응수가 양국의 국익에 도움이 되리라곤 볼 수 없다.

일본 정부는 지금까지 민간 주도의 아시아 여성 기금을 통한 보상사업을 통해 이 문제를 극복하려고 노력했다. 관민을 불문하고 많은 관계자가 부단히 고심해 왔다. 그래도 극복할 수 없는 문제가 역사문제이다.

일본 측 노력을 부지런히 설명하고 대화를 통해 타개책을 모색하자. 그것이 책임 있는 정치가의 행동은 아닐까.

물론 각국 정치가의 대부분은 한일, 중일 관계가 더 이상 악화되는 것을 바라지 않는다. 많은 국민들도 마음이 아플 것이다.

한중일 3국의 상호의존관계가 모든 분야에서 이미 끊으려야 끊을 수 없는 깊이와 넓이를 가지고 있기 때문이다.

편협한 내셔널리즘이 불타올라 상호불신이 커지지 않도록 살펴야 한다. 그것이야말로 정치의 역할이다.

상호 일부 정치가의 도발에 휘둘려서는 안 된다.

2012. 8. 31.

■ (師說)고노 담화 - 가지가 아닌 몸통을 보자

구(舊)일본군 위안부문제를 둘러싸고 한일관계가 다시 삐걱거리고 있다.

방문계기는 한국의 이명박 대통령이 이번 달 독도를 방문한 것이 위안부문제에 대한 일본정부 대응에 진전이 없었기 때문이라고 한다.

이에 대해, 노다 수상이 '강제연행 사실을 문서로 확인할 수 없었다'고 말한 사실이 한국 국내에서는 '역사왜곡'이라며 반발이 확산되고 있다.

역사문제를 도마 위에 올려 내셔널리즘을 부추기는 듯 한 대통령의 언동은 사뭇 고개를 갸웃하게 한다.

하지만 일본 정치가의 대응에도 문제가 있다.

간과할 수 없는 것은 마츠바라 국가공안위원장이나 아베신조 수상 등 일부 정치가로부터의 1993년 고노(河野) 관방장관 담화의 검토를 요구하는 목소리다.

고노 담화란, 다양한 자료와 증언을 바탕으로 위안소 설치나 위안부 관리 등에 폭넓게 군이 관여했음을 인정하고 일본정부로서 '사과와 반성'을 표명한 것이다.

많은 여성이 심신의 자유를 침해받고 명예와 존엄을 짓밟힌 사실은 부정할 수 없는 사실이다.

마츠바라 씨는 강제연행이 확인되는 자료가 없다는 사실을 재검토 이유로 든다. 가지를 보고 몸통을 보지 못하는 태도라고 할 수밖에 없다.

한국인들도 알아주길 바란다.

고노 담화에 대해, 일본정부 주도로 관민합동 아시아 여성기금을 설립하고, 전 위안부에 대해 '보상금'을 출원해 왔다. 거기에는 역대 수상 이름이 들어간 사과편지도 곁들였다.

이러한 활동이 한국 국내에서는 거의 알려지지 않은 것이 유감스럽다.

비단 이번뿐만 아니라, 일본의 일부 정치가는 정치견해를 부정하는 발언을 반복했다. 이래선 아무리 수상이 사죄한들 진심인지 어떤지 의심스럽다.

5년 전, 당시 아베수상은 일본당국이 유괴나 납치처럼 위안부를 연행한 '협의의 강제성'은 없었다고 발언했다.

그 후, 미국하원이나 유럽의회가 위안부문제는 '20세기 최악의 인신매매 사건의 한 가지'로서 일본정부에게 사죄를 요구하는 결의를 채택했다.

스스로 역사의 잘못을 바로잡을 수 없었던 일본정치에 대한 국제사회의 경종이다.

고노 담화의 재검토를 요구하는 정치가는 한국이나 미국과 유럽에서도 똑같은 발언을 할 수 있을까?

노다 수상도 오해를 초래하는 발언은 피하고, 고노 담화를 다시 한 번 국내외에 명확히 밝혀야 한다.

2013. 8. 11. 독도방문 1년, 정치가 여론을 부추긴 죄

일국 지도자의 어리석은 행동이나 발언이 이웃나라와의 관계를 엉망으로 만들거나 민간 교류와 경제활동까지 정체시킨다.

1년 전 한국 이명박 전 대통령이 강행한 독도방문과 이에 이은 천황에 대한 사죄요구는 바로 그러한 언동이었다.

그 후 일본에서는 아베수상이, 한국에서는 박근혜 대통령이 탄생했지만 관계개선의 조짐이 보이지 않는다.

수뇌가 만나지 않고 각료 간 접촉도 거의 전무한 상태가 이렇게 장기적으로 지속된 적은 1965년 국교정상화 이후 극히 이례적인 일이다.

정치가 내셔널리즘을 부추기면 어떤 결과를 초래하는가. 양국 수뇌는 이 사실을 명심하고 관계회복을 위해 착수하지 않으면 안 된다.

서울 중심부 명동. 번화가를 메운 일본인의 모습은 작년 가을 이후, 현격히 줄었다.

실제 일본에서 한국으로의 관광객은 작년, 과거 최고를 갱신했지만 독도소동 이후에는 전년대비 20% 감소 상태가 이어지고 있다. 엔화약세와 불안정한 북한 정세까지 영향을 미쳐, 일본기업의 한국에 대한 투자도 감소하고 있다.

이러한 것들이 어리석은 행동이 초래한 대가다. 한국에서는 이 전 대통령의 언동이 얼마나 국익을 해쳤는가라는 지적도 나온다.

이 전 대통령은 독도방문 이후, 종군위안부 문제에서 일본정부가 성의를 보이지 않았기 때문에 방문했다고 설명했다. 하지만 그것이 행동을 정당화시킬 이유는 도저히 될 수 없지만, 한일 간 역사인식 문제가 무겁게 가로지르고 있는 것은 사실이다.

그럼에도 불구하고, 일본 측에서는 최근에도 하시모토 도루 오사카 시장의 종군위안부 발언과 각료들의 야스쿠니 신사 참배, 수상의 '침략의 정의' 발언 등이 이어졌다. 이것들은 한국과 중국과의 관계를 더욱 악화시킬 뿐이다.

유럽과 미국에서도 그러한 인권감각과 역사인식을 의심하는 목소리가 나오는 등, 국제사회에서의 일본의 이미지를 심하게 훼손시켰다.

이러한 때야말로 스스로 도발적인 언동을 자제하고 국민에게 냉정한 대응을 호소해야 한다. 그것이 정치가의 임무다.

우선 8월 15일 종전기념일에 수상과 주요 각료는 야스쿠니 참배를 자제한다. 한국의 정치지도자들도 국민의 대일감정을 자극하는 언동을 삼간다.

아시아의 지도자로서 함께 책임을 짊어지는 한일관계가 필요하다.

2013. 8. 16. 가해책임, 역사에서 눈을 돌리지 마라라

정부 주최 전국 전몰자 추도식 수상의 식사(式辭)에서 아시아제국에 대한 가해책임에 대한 반성이나 애도의 뜻을 표하는 언설이 완전히 빠졌다.

가해책임에 대한 언급은 93년 호소카와 수상으로부터 역대수상이 답습해 왔다. 역사로부터 눈을 돌리지 않고 타국의 고통에 상상력을 발휘하는 태도가 일본정치에 요구된다.

2. 나의 시점(私の視点)

2013. 1. 18. 일본의 영토문제, 강약을 분리한 현실적 대응 필요

<노보루 세이치로(전 내각외정심의실장)>

2010년 메드베데프 전 러시아 대통령의 북방영토 방문이 있었다. 이어서 2012년 이명박 한국 대통령의 독도 방문과 센카쿠열도 국유화에 대한 중국의 과격한 반응이 있었다. 일본 주변에서 일어난 일련의 사건은 일본인에게 영토문제의 심각함을 재인식시켰다.

상대적으로 일본의 국력이 약화됨에 따라, 국경을 둘러싼 상황은 불리해지고 있다. 이 상태로는 북방영토와 독도는 영구히 돌아오지 않고 센카쿠 또한 중국에 돌아갈 우려가 있다. 외교 교섭에서 자기주장은 100% 통하지 않고 국제사회의 아군이 없이는 승리도 존재하지 않는다. 신정권 탄생을 맞아, 금기를 깨고 일부 대담한 양보를 동반한 방책을 제안한다.

첫 번째, 북방영토다. 확실히 불법점거인데 4도의 러시아화가 진행되는 현재, 일괄반환에 현실성은 없다. 일본이 승산 없는 원칙론을 고집해선 상황이 악화될 뿐이다.

현실적 대응으로써 '2도(島)+알파'의 즉각 반환을 실현, 평화조약은 미루고 남은 부분은 장래 교섭의 여지를 남기는 것이 바랄 수 있는 최선이다. 러일 관계가 근본적으로 개선되면 일본의 안전보장과 에너지문제에도 플러스가 되고 일본의 대 중국 포지션 강화로도 이어진다.

두 번째, 독도에 관해서다. 자국 영토라는 한국의 주장은 근거가 약하지만 국민은 초등학교부터 그렇게 배우고 있으며 일본에 대한 감정론도 있어서 어떠한 타협도 없는 상황이다. 국제사법재판소로의 제소도 한국이 거부한다면 그 효과를 기대할 수 없다.

일본은 주권주장을 일단 동결하고, 어업 등 경제자원의 공동 관리를 제안하면 어떨까. 한국과의 관계는 안정되고 일본의 중요한 파트너가 된다. 기시다 후미오 외상이 제소를 연기할 생각을 표명한 것은 평가할만하다.

마지막으로 센카쿠 열도다. 센카쿠는 일본에게 있어 전략적, 경제적으로 극히 중요한 지역이며 절대 지키지 않으면 안 된다. 중국의 해양확대정책은 집요해서 시진핑 정권에서 더욱 강화될 공산이 크다.

일본은 해상안보청 기능강화와 배 정박 등 항구적 시설을 설치하고 실효적 지배를 확고히 해 나가야 한다. 영토문제 논의를 피하지 말고 국제사회를 상대로 적극적으로 여론공작을 진행해야 한다.

영토문제에서 3국(한국, 중국, 러시아)과 동시에 싸우는 것은 어렵다. 북방영토와 독도는 유연한 대책으로 잠정합의하고 사활적으로 중요한 센카쿠열도에서는 러시아, 중국을 포함한 주변국의 지지율을 얻어 사수할 수 있는 환경을 만드는 것이 바람직하다. 그것이 일본의 장기적 국익이며 해결책이 아닐까.

2013. 1. 7. 격동기 일본외교, 강하고 부드럽게

새해 초 아베수상이 꺼낸 외교카드는 한국에 대한 수상특사 파견이었다.

독도문제를 둘러싸고 냉각된 한일관계 개선은 아베정권이 계승한 주요 숙제다. 2월에 취임하는 박근혜 차기 대통령에게 친서를 주고 대통령 방일을 향한 조정에 들어갔다.

관계수복을 향한 제1보에 환영을 표한다.

수상은 빠른 시일 안에 방미에의 의욕을 표시한다.

민주당 정권 하에서 상처 입은 일미동맹 수복 현안에 관해, 2기째 들어가는 오바마 대통령과 심사숙고할 필요가 있다.

세계도 동아시아도 크게 변화하고 있다. 그러한 현실을 앞두고 일본 외교의 침로를 확실히 정하지 않으면 안 된다.

일미 동맹도 강화시키고 우호국과의 연계를 강화해 중국과 맞선다. 아베정권의 외교 전략을 한마디로 표현하면 그렇다. 그 방향은 틀리지 않다.

* **다극화 하는 국제사회**

단, 국제정치를 국가 간 파워 게임으로 보는 종래의 관점만으로는 지금 세계에서 일어나고 있는 의미를 충분히 파악할 수 없다.

국제정치세계에 역사적이라고 할 수 있는 조류가 휘감고 있기 때문이다.

그 첫 번째는 '다극화'의 흐름이다.

작년 12월에 미정부기관인 국가정보회의가 정리한 미래예측이 파문을 일으켰다.

'2030년 세계는 오늘날과 일변한 세계다. 그때까지 미국도, 중국도 그 외 어떤 대국도 패권적(지배적) 국가는 없어진다'

미국이 압도적인 힘을 자랑하는 시대가 끝날 뿐만 아니라, 20년 이내에 세계를 단독으로 리드하는 힘을 가진 나라는 없어진다는 것이다.

보고서에서 파워는 국가 간 확산될 뿐만 아니라 '비공식 네트워크'로도 확산될 것이라 예측한다. 국가와 나란히 NGO나 다국적 기업도 국제정치에 큰 영향력을 가지게 된다.

다극화되고 이해관계가 복잡하게 얽힌 불안정한 세계에서 생존하기 위해서는 유연하며 강한 외교 전략이 필요하다.

* 강함과 부드러움의 자세로

예를 들면 지금 미국과 중국의 관계는, 냉전시대의 미국과 소련 같은 단순한 적대관계가 아니다. 군사 면에서는 경쟁하면서도 경제면에서는 밀착되어 있다.

그렇다고 해서 미국의 중국정책은, 만일의 사태를 대비한 군사적 대비와 중국을 국제질서에 적극적으로 끌어들이려는 관여정책의 2가지 면을 가지고 있다.

일본의 대중국 외교도 강경한 자세뿐만 아니라, 강하고 부드러운 두 가지 자세가 불가결하다.

일본과 중국 간 긴장이 계속되는 센카쿠 문제에 관해서는, 장기화를 각오하지 않으면 안 된다. 그것을 전제로 예측치 못한 사태가 일어난 경우의 위기관리체제를 양국에서 서둘러 쌓는다.

동시에 필요한 것은 그 대립과 분리해서, 경제관계와 인적교류를 확대하는 것이다.

아베 수상이 '세계지도를 부감하는 관점으로 전략을 생각하는 것이 필요'하다고 한 것처럼, 다각적인 외교가 중요하다.

'극동중시'를 주장하는 러시아, 경제성장이 현저한 동남아시아와 인도. 그러한 나라들과 지역이 연계를 강화하는 등, 새로운 발상으로 외교적 네트워크를 형성해 나가는 것이 요구된다.

* 침로를 스스로 개척하다

또한 국제정치의 흐름을 잊어선 안 된다. 세계 각지에서 불고 있는 내셔널리즘의 고양이다.

경제와 정보의 글로벌화는 소수인 들의 손에 방대한 부를 축적하는 한편 격차를 낳고 사회를 불안정하게 만들었다.

유럽에서 배외주의적인 정치세력이 세력을 넓혀가는 것은 긴축재정에 고통스러워하는 사람들이 내셔널리즘을 통해 불만의 배출구를 발견했기 때문이다.

동아시아에는 이것에 더불어 역사문제가 있다.

일본과 중국, 한국이 대립하는 영토문제는 과거 식민지지배나 전쟁의 기억이 얽힌, 극히 복잡한 문제다. 작년 중국의 반일데모를 보아도 알 수 있듯이 잘못하면 순식간에 가연성이 높은 내셔널리즘에 불이 붙는다.

국경을 넘어 다양한 레벨에서의 대화를 통해 화해 노력을 거듭하는 수밖에 없다.

돌이켜 보면, 전후 일본은 실로 혜택 받은 국제환경을 향수해 왔다.

미소 냉전시대에는 미국의 비호 하에 부흥과 경제발전에 힘쓸 수 있었다. 외교의 기본도 오키나와 반환이나 근린제국과의 국교정상화 등 패전으로 잃어버린 마이너스를 되찾는 여정이었다.

지금 세계는 변화했다.

상호의존의 고양은 각국이 번영을 공유할 수 있는 가능성을 가져왔지만 동시에 각각의 이해가 뒤섞여있다.

지금 요구되는 것은 그러한 세계에서 침로를 개척해 나갈 외교력이다.

2102. 12. 27. 아베내각 발족 재등판에 대한 기대와 불안
* 외교에 대한 새 정립의 호기

영토문제에서 삐걱거리는 근린외교의 정립 또한 민주당 정권으로부터 이어받은 현안이다.

한중일 지도자가 함께 교체하는 지금이야말로 오히려 관계개선의 찬스다. 아베 자신도 그 사실은 충분히 인식하고 있는 것 같다.

2013년 2월 22일 '다케시마(독도)의 날'을 정부주최의 식전으로 격상하는 것은 중지했다. 야스쿠니참배와 센카쿠열도에 대한 공무원 상주에 대해서도 명언을 피하고 있다.

외교의 시금석은 연초 방미에 있다. 민주당 정권하에서 흔들린 미일 동맹의 재구축을 서둘러야 한다. 환태평양 경제연계협정(TPP) 교섭참가 시비에 관해서도 결론을 낼 시기가 다가오고 있다. 기대 반 걱정 반이다.

아베 총재 직속의 교육재생 실행본부의 본부장으로서, 당 교육 분야 공약을 정리한 시모무라 히로후미 씨가 문부과학성 장관에 취임했다.

공약은 역사교과서 검정으로 근린제국에 배려하기로 한 '근린제국조항'의 재검토를 요구하고 있다.

　근린제국과의 신뢰를 구축하는 데 있어 이 조항의 존재의의는 크다. 이것을 계승하지 않으면 한국과 중국과의 관계는 더욱 악화된다.

* 고립 초래하는 역사 재검토

　신정권 요직에는 시모무라씨를 비롯해 아베 씨가 일찍이 사무국장을 역임한 '일본의 미래와 역사교육을 생각하는 젊은 의원 모임' 멤버가 모였다. 이 모임은 역사교과서의 위안부를 둘러싼 기술을 '자학사관'이라 비판하고 위안부에 대한 사죄와 반성을 표명한 고노담화의 재검토를 요구해왔다.

　또한 행정개혁 장관에 취임한 이나다 도모미 씨는 '남경 대학살'을 부정하고 도쿄재판을 '불법무효한 재판'이라 비판해왔다.

　고노담화와 무라야마 담화의 재검토는 '전후체제(레짐)로부터의 탈피'를 주장하는 아베 씨의 지론이다.

　하지만 역사의 재검토는 전전 군국주의의 정당화로 이어진다. 전후 일본이 국제사회에 복귀할 때의 기본적인 합의에 반하는 행위라 받아들일지 모른다. 실행한다면 한국과 중국뿐만 아니라 미국과 유럽의 엄격한 비판을 피할 수 없다.

　지난번 아베정권은 애국심을 고취하는 개정교육기본법 등 '아베컬러'의 법률 성립을 서둘렀다. 그 강인한 수법이 여론의 반발을 불러일으켜 참의원의 대패와 퇴진으로 이어진 면도 있다.

　그 교훈과 '비틀린 국회' 현실을 직시해야 한다. 이번에는 2013년 여름의 참의원 선거까지 헌법 개정을 비롯해 '아베 컬러'를 봉인하고 경제정책 등에 집중해야 한다. 그것이 신정권의 기본방침이다. 현실적인 선택이다.

　그 후에 다시 신정권에 대해 지적하고 싶다. 세계에서 고립하고선 일본의 경제도 외교도 나아갈 수 없다.

제4장 요미우리신문(讀賣新聞) 주요 오피니언 번역

1. 2013. 8. 15. 특집

종전의 날 한중 '반일' 기움을 걱정하다
- 역사인식 문제에 정치를 엮지 마라

    미국과 동남아시아 제국은 일본의 전후 여정에 대해 높이 평가하고 있다. 하지만 중국과 한국만은 역사인식문제와 관련해 대일비판을 가속화시키고 있다. 극히 유감스러운 사태라 말할 수 있다.
    한국의 박근혜 대통령은 '일본은 바른 역사인식을 가져야 한다'고 미국에서 떠들었다. 독도 영유권이나 소위 종군위안부 문제를 염두에 둔 것이다.
    한국에서는 전시 중에 한국인 노동자를 징용한 일본기업에 대해 배상을 명하는 판결이 이어지고 있다. 이것도 이상하다.
    한일 간 청구권 문제가 '완전히 최종적으로 해결되었다'고 명기한, 1965년 한일 청구권/경제협력협정과 명백히 어긋난다.
    한국의 사법까지도 반일 여론의 가속화에 영합해 국가 간 약속을 업신여기고 있다. 법치국가로서 이해하기 어려운 행위다.
    중국은 센카쿠 열도에 관해, 청일전쟁에서 대만의 부속제도로서 빼앗겼고 일본이 포츠담선언을 수락한 이상, 중국에 반환해야 한다고 주장하고 있다.
    하지만 일본은 센카쿠열도가 청나라에 귀속되지 않았음을 확인하고 청일전쟁 종결 직전에 오키나와현에 편입시켰다. 중국은 역사를 왜곡하고 있지 않는가.

중국은 국내 통일을 유지하기 위해, 한국은 국내 정치상황을 유리하게 만들기 위해, '반일'을 이용하고 있는 측면이 있다.

한국과 중국은 'A급 전범'을 합사한 야스쿠니신사를 군국주의 상징이기 때문에 수상이나 각료가 야스쿠니신사에 참배하는 데 반대하고 있다.

* 전몰자 추도는 국내문제

어떠한 형태로 전몰자를 추도하는가는 일본의 국내문제이다. 타국으로부터 간섭받을 근거는 없다. 국제정세에의 대응을 잘못하여, 무모한 전쟁을 시작하고 이웃나라에 참화를 초래한 지도자들의 책임을 일본이 망각하고 있는 것이 아니다.

아베수상은 제1차 아베내각 때에 참배하지 않았음을 '통혼의 극한'이라 말했지만, 종전의 날 참배는 보류할 의향이다.

한국과 중국은 일본이 군국주의를 반성하지 않고 다시 '우경화'로 과거 회귀하고 있다고 비판한다. 이러한 태도는 수상이 야스쿠니참배를 보류해도 변화는 없을 것이다.

현대 국제정치와 분리할 수 없는 역사인식문제에 대한 대응은 어렵다. 수상은 올 봄 국회에서 '침략의 정의는, 학문적으로도 국제적으로도 정해지지 않았다'고 발언해 물의를 일으켰다. 확실히 수상의 발언처럼 침략의 정의는 정해지지 않았다. 전쟁에는 100%침략전쟁도, 100%자위전쟁도 없다. 그래도 '식민지 지배와 침략'에 의해 많은 국가들에게 다대한 손해와 고통을 주었다고 인정한, 1995년 무라야마 수상 담화를 재검토할 것이라고 내외에 받아들여졌다.

* 관계구축에 지혜가 필요

이때 아베수상은 역사인식문제를 정치현장에서 논의하는 것이 결과적으로 외교문제로 발전해 나갈 것이라 말하고, '역사가나 전문가에게 맡겨야 한다'고 했다. 그러한 현장에서 논의를 한층 심화시켜 나가야 한다.

한편, 정치가로서 역사인식을 포함한 영토, 주권에 관한 견해를 국제사회를 향해 지속적으로 강하게 호소해 나가는 것도 중요하다. 전후 성실하게 쌓아온 평화와 번영을 보다 확실한 것으로 만들고 싶다. 이를 위해, 주변국과 화해의 길을 모색할 필요도 있다. 건설적인 관계를 구축하는 지혜와 노력이 요구되는 때이다.

한국대통령 연설 '일본을 중요한 이웃나라라 말한다면'

(2013. 8. 16.)

박 대통령은 '일본은 동북아시아의 평화와 번영을 함께 쌓아갈 중요한 이웃나라'라고 말한 이후에, '그러나 역사문제를 둘러싼 최근 상황이 한일 양국의 미래를 어둡게 한다'고 말했다. 한국이 '우경화'라 경계하는 아베 정권에 대한 불신의 표명이다. 단 광복절 연설에서 박 대통령의 일본에 대한 비판은 전체적으로는 억제적이었다고 말할 수 있다.

감정적인 표현은 억제하고 위안부와 독도문제에 대한 직접적인 언급도 피했다. 대일관계의 더 이상의 악화는 피하고 싶었을지 모른다.

하지만 박 대통령은 위안부문제를 염두에 두고, '과거 역사에 의한 고통과 상처를 지금도 끌어안고 살아가는 사람들에 대해, 고통을 위로할 수 있도록 책임과 성의 있는 조치를 기대한다'고 일본에 구체적인 행동을 요구했다.

위안부문제는 한일관계의 목에 걸린 가시다. 과거 경위를 무시하고 일본에 해결책을 요구해도 무리가 있다. 전 위안부에 대한 보상은, 1965년 한일청구권협정에서 법적으로 해결이 끝났다는 것이 일본의 입장이다. 국민으로부터 6억 엔 모금을 모아서 아시아여성기금에서 시작한 전 위안부에 대한 '보상금'지급 등의 구제 사업을 말한다. 그것을 한국 측은 일본정부의 책임회피라 비판했다. 한국에서도 결국 많은 호응을 받지 않고 기금도 해산됐다.

역사인식문제로 일본에 일방적인 양보만을 요구하고 대화나 교류를 거부하는 방식은 한국에서도 그만둬야 한다.

한편, 이날 아베수상은 야스쿠니 참배를 보류하고 사비로 봉납했다. 'A급 전범' 합사를 이유로 중국과 한국이 야스쿠니참배를 외교문제화한 것에 대해, 어느 정도의 배려를 나타낸 것이다. 참배한 각료는 3인이었다.

박 대통령이 인정한 대로 한국과 일본은 중요한 이웃나라 관계를 맺고 있다. 그러나 양국 정권교체이후에도 수뇌회담이 열리지 않았다는 이상 상황이 이어지고 있다.

핵개발을 진행 중인 북한에 대한 대응과 경제연계 강화 등 중요한 과제가 산적해 있다. 역사와 영토문제로 합치하지 않는다고 해서 수뇌가 협의하지 않음은 문제다. 관계개선에 쌍방의 자세가 요구된다.

오피니언, 서울 부당 판결, 한일합의에 어긋난 배상명령

(2013. 7. 12.)

전시 중 일본기업에 징용된 한국인 4인이 당시 근무처의 후속인 신일본주금에 손해배상을 요구한 소송에서, 한국 서울 고등재판소는 1인당 1억 원 배상을 명하는 판결을 언도했다. 한국사법이 일본기업에 대해 전 징용공에게 배상지불 명령을 내린 것은 처음이다.

한국고등재판소는 2012년 5월, '개인의 청구권은 소멸하지 않았다'는 판단을 내렸다.

최근 독도와 역사인식을 둘러싼 대립각이 심화됨에 따라, 근거가 박약한 일본에 대한 요구도 재가열되고 있다. 한국사법이 최근, 종래의 판단에서 급전환한 것도 그러한 반일사상의 고양과 무관하지 않을 것이다.

한일국교정상화는 한국의 비약적 발전으로 이어졌다. 과거 청산은 외교적으로 결론이 이미 났으며 이것은 한국의 내정문제다. 집요하게 화살 끝을 일본에 겨냥하는 것은 잘못이다.

오피니언, 영토·주권, 대외 발신력을 높이는 전략 필요

(2013. 7. 6.)

자민당은 공약에서 영토와 영해를 지키기 위해 자위대와 해상보안청 체제를 강화하고 '법과 사실에 근거한 일본의 주장'을 국내외에 적극적으로 홍보한다고 주장했다.

한국 또한 독도 영유권에 관한 선전에 열심이다. 한국과 중국 양국 모두 영어를 비롯해, 다양한 언어를 구사해 국제여론을 아군으로 만들고 있다. 이에 대항하기 위해, 일본도 전략적이며 본격적으로 홍보 대책을 짜야 한다.

오피니언, 한일 외상회담, 관계 재구축을 위해 상호 접근하라

(2013. 7. 2.)

한일 외상회담 개최가 약 9개월만이다. 2월 박 정권 발족 후, 이웃나라 간 수뇌, 외상회담이 한 번도 없었던 것은 이상한 사태다. 북한의 핵미사일 문제와 중국의 군사, 경제면에서의 대두 등, 한일이 연계해서 대처해야 할 과제는 많다. 자유무역협정(FTA)교섭 중단의 장기화 등, 경제 분야의 정체도 간과할 수 없다.

미국이 한일관계 개선을 측면 지원하는 것도, 양국의 관계 악화는 동아시아 평화와 번영에 장애가 될 것이라는 문제의식이 있기 때문이다.

중국은 센카쿠열도의 영토문제 존재를 인정하는 것을 일중수뇌회담의 조건으로 내건다. 이번 외상회담은 보류되었다. 일본과 중국의 고관이 회담할 수 없는 사태가 일어나면 한일관계를 재구축할 필요성은 더욱 높아진다.

한국과 일본 간에는, 독도와 종군위안부 문제 등 영토와 역사인식 문제를 둘러싼 대립이 있다. 윤 외상은 역사인식의 중요성을 강조하며 '역사문제를 세심하게 다루지 않는다면 민족혼을 상처입힌다'고 말했다.

양국의 의견 차이를 최소한으로 억누르면서 북한 문제 등 실질적으로 협력하는 것이야말로 외교본연의 역할이다.

현재와 같은 한일관계 악화는 작년 여름 이명박 전 대통령의 독도방문과 일왕 '사죄' 요구 발언의 발단에서 비롯되었다.

한국은 미중 양국과의 수뇌회담 등에서 일본과의 역사인식 문제를 끌어내는 것은 자제한다. 일본도 각료의 야스쿠니 신사 참배에 대해 일정한 배려를 한다. 쌍방이 대립하는 분야에서도 끈질기게 대화와 노력을 거듭해 접점을 찾아가는 것이 중요하다.

이번 한일외상회담을 계기로 금년 후반에는 수뇌회담이 실현될 수 있도록 조정을 서둘러야 한다.

오피니언, 대북 방위협의, 한일관계 개선을 위한 첫걸음

(2013. 6. 2.)

싱가포르에서 한미일 3국의 방위협의가 열렸다. EU결의에 근거한 핵병기와 개발계획포기 의무 이행을 북한에 강하게 요구함과 동시에 북한의 도발을 억제하기 위해 한미일이 협력한다는 공동성명을 발표했다.

이명박 전 대통령의 독도방문으로 악화된 한일관계는 금년 2월 박근혜 정권 발족을 계기로 개선되리라 기대했다. 하지만 아소 부총리의 야스쿠니참배와 일본유신회 하시모토 공동대표의 종군위안부 발언, 일본에 대한 원폭투하를 '신의 징벌'이라 평한 한국 중앙일보의 칼럼 등, 오히려 관계가 악화된 것은 유감이다.

박 정권 하에서 수뇌, 외상회담이 한 번도 열리지 않았다. 이번에도 한일회담은 연기되었는데 3개국 회담을 계기로 한일관계를 재구축하길 바란다.

급성장하는 중국과도 대등하게 맞서기 위해선 한일 간 연계강화는 전략적 과제이다. 미국 또한 이를 강하게 원하고 있다.

오피니언, 일 각료의 야스쿠니 참배, 외교 문제화는 피해야 한다
(2013. 4. 24.)

한국의 윤병세 외상이 4월 26,27일에 예정된 일본방문을 중지했다. 아소 부총리 등 각료 3인이 야스쿠니를 참배한데 대해 '침략전쟁의 미화'라고 반발했기 때문이다.

윤 외상의 일본방문 중지는 유감이다. 한국의 외교자세에 의문이 남는다.

일본정부는 역사인식을 둘러싼 문제에 관해 '각각의 나라마다 입장이 다르며 외교에 영향을 미쳐서는 안 된다'고 주장하는 바이다. 한편, 스가 관방장관은 '야스쿠니 참배는 마음의 문제다'며, 아소 씨 등 각료 참배를 문제 삼지 않는다고 했다.

그러나 아소 씨의 야스쿠니 참배가 한일관계에 악영향을 미친 것은 부정할 수 없다. 정치도 외교도 중요한 것은 결과이며, '마음의 문제'로 끝나지 않는다. 아소 씨는 부총리 요직에 있는 이상, 좀 더 신중해야 한다.

아베 수상은 일찍이 제1차 아베 내각 시절, 야스쿠니신사에 참배할 수 없었던 것을 '통한의 극한'이라 표현했는데, 역사문제가 외교에 악영향을 주지 않도록 세심한 주의를 베풀며 정권을 운영하길 바란다.

센카쿠 열도 문제에서 일중관계가 험악해 지는 와중에, 무엇보다 한일관계를 개선하는 것이 아베 외교에 있어 최우선의 과제다.

 야스쿠니 참배를 둘러싼 문제 근저에는 극동국제군사재판(도쿄재판)에서 처형된 도조 히데키 전 수상 등 'A급 전범'이 합사되었다는 사실이다. 한국과 중국 뿐 아니라, 일본국내에서도 전쟁을 초래한 지도자에 대한 엄격한 비판이 있다.

 누구나 감정의 응어리 없이 전몰자를 추도할 수 있는 국립시설 건립을 위해 정부는 논의를 재개해야 한다.

2. 2012. 12. 28. 특집

아베 외교, 일본과 미국을 '기축'으로 한 이웃관계 개선 필요

* 동맹 강화로 방위지침 개정하라
* 중국과 '호혜' 재구축

　물론 일본은 센카쿠열도 영유권에 관해서는 일절 양보를 해선 안된다. 단, 이 문제만으로 중일관계 전체가 정체되는 것은 쌍방에 좋지 않다. 아베 수상은 6년 전 중국을 방문해, 야스쿠니참배문제에 명확한 결론을 내지 못하고 '전략적 호혜관계'를 지향하는 중국과 합의했다. 해결이 곤란한 외교문제도 보다 큰 교섭의 일부에 포함되며, 타개할 수 있는 방법이 있을 것이다. 예를 들면, 센카쿠 문제는 계속 협의하는 한편, 전략적 호혜관계를 추구하는 시진핑 지도부와 포괄적 합의를 도모하는 등, 지혜를 짜내야 한다.

　한국과의 관계 개선 또한 서둘러야 한다.

　독도방문을 강행한 이명박 대통령에서 박근혜 대통령으로의 교체야말로 그 호기이다. 아베 수상이 특사파견을 검토하고 있는 것은 타당하다. 핵개발을 진행 중인 북한과 군사대국화한 중국에 효과적으로 대항하기 위해선 미국과 함께, 한국과의 긴밀한 연계가 중요하다.

오피니언, 영토외교, 냉정하게 주권을 지킬 지혜 필요

(2012. 12. 7.)

* 12 중의원선거

일본의 주권과 영토, 영해를 어떻게 수호하고 사태를 어떻게 타개할 것인가. 각 정당은 구체적인 방책을 확실히 논해야 한다.

오키나와, 센카쿠 열도 근해는 중국 정부의 배에 의한 영해침입이 반복되고 있다. 올여름 한국 이명박 대통령이 독도를, 러시아 메드베데프 수상이 북방영토의 구나시리 섬을 각각 방문했다. 일본 영유권의 정당성을 국제사회에 어필할 필요가 있다. 민주, 자민, 공명 등이 주장하는 것처럼 대외 발신력의 향상은 급무다.

센카쿠열도에 관해, 민주, 자민, 공명 3당을 비롯해 주요 정당 공약은 해상보안청 체제강화로 호흡을 맞추고 있다. 당연한 주장이다.

중국이 강압적인 외교를 전개한다면 일본은 의연한 대응을 취해야 하지만 여전히 담담히 실효지배를 계속해야 한다.

이를 위해서는 해상보안청이 주야를 가리지 않고 경계 감시활동을 실시하고 만약 일본 영해에 들어오는 중국감시선이 있다면 경고조치를 취해야 한다. 경우에 따라선 퇴거를 요구하는 조치가 필요하다. 중국이 감시선을 급피치로 늘리고 있는 이상, 이에 확실히 대응할 수 있도록 해상보안청 감시선과 해상보안관 증강이 불가결하다.

눈길을 끄는 건 자민당이 센카쿠 열도에 공무원 주재문제를 검토하고 있는데, 일본유신회 이시하라 대표도 어선이 악천후 시에 피난할 수 있는 항구 정비를 주장한다.

실효지배 강화를 위한 중장기 과제로 이해할 수 있는데, 중국이 대항조치를 취한다면 중일 간 긴장상태는 빼도 박도 못한다. 이에 대한 신중한 대처가 요구된다.

자민당은 한국에 대한 대항조치로써 시마네현이 정한 2월 22일 '다케시마(독도)의 날'에, 정부식전을 개최할 것도 당 정책집에 담았다.

자민, 공명 양당은 주권과 영토문제에 관한 조직 창설을 제창한다. 하지만 신 조직을 개설하는 것보다 수상 관저를 중심으로 외무, 방위, 해양안보 등 관계 관청이 긴밀하게 연계하는 것이 중요한 것은 아닐까.

노다 수상은 가두연설에서 '건전한 내셔널리즘은 중요하지만 배외주의에 빠지면 나라는 위험하다'고 강조한다. 염두에 둔 것은 이시하라 씨가 발언한 '중국의 속국이 되는 것은 싫다'는 과격한 언동이다.

일본과 한중 양국은 현재 경제적으로 깊이 연결되어 있으며 2국간 관계 악화는 서로 마이너스다. 3국간 폭넓은 협력관계를 구축하는 것은 동북아시아 평화와 번영에도 빼놓을 수 없다.

제5장 마이니치신문(毎日新聞) 주요 오피니언 번역

1. MB의 독도방문 특집

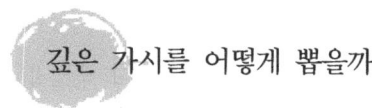
깊은 가시를 어떻게 뽑을까

(212.8.12일자)

한국과 일본이 영유권을 주장하고 있는 독도에 이명박 한국 대통령이 방문해 실효지배를 어필했다. 왜 지금, 대통령이 선두에 서서 한일관계에 쓸데없는 풍파를 일으키는 것일까. 이해하기 힘들다.

1905년 독도는 각의결정에서 시마네현에 편입되었다. 이에 대해, 한국은 1952년 해양주권선언을 실시해 일방적으로 공해상에 선을 긋고 독도를 안쪽으로 편입시켰다. 그 후 연안경비대를 상주시키고 헬리콥터와 접안시설을 건설 하는 등 실효지배를 계속하고 있다.

한편, 국가원수인 역대 대통령은 지금까지 독도상륙을 피해왔다. 심각한 외교마찰을 발생시키지 않기 위해, 일정한 배려가 작용하고 있었다. 그만큼 이번 독도상륙은 독도를 둘러싼 한일 대립구도를 일변시키는 새로운 도발적 행위로 받아들여져도 어쩔 수 없다.

일본정부가 무토 마사토시 주한대사를 일시 귀국시키는 등 대항조치를 취한 것은 당연하다. 한일관계는 당분간 냉각상태가 이어질 것이다.

한국에서는 연말에 대통령선거가 예정되어 있고 이 대통령의 임기는 곧 끝난다. 정권말기 지지율 저하에 허덕이는 대통령이 여론의 방향을 돌리기 위해 대일강편 카드를 꺼냈다는 견해가 나오고 있다. 하지만 실효지배를 하고 있는 한국 측이 그것을 새삼스레 과시하는 것은, 독도문제에 관심이 적었던 사람들을 포함해, 일본 여론의 반발을 강화시킬 뿐이다.

영토문제는 국민감정을 자극한다. 그것을 주의 깊게 제어하는 것이 정치지도자의 막중한 책임이다. 대통령의 독도방문은, 그 책임을 포기하는 행동은 아닐까. 한미일 안전보장협조에도 악영향이 생기면, 중국과 북한을 도와주는 셈이 된다.

한국에는 소위 구 일본군 종군위안부 문제를 둘러싸고 일본 측 대응에 강한 불만이 있는 것도 사실이다. 그렇다고 해서 독도문제로 과거에 없었던 강경자세를 표시하는 것은 상호 국민의 이해를 얻어 현안을 해결하는 데 곤란이 따른다.

이번 사태를 초래한 것은, 일본 외교의 반성할 점으로 꼽아야 한다. 한국에 일본의 입장과 양보할 수 없는 선까지를 이해시키고 독도문제 대립이 한일관계 전체를 악화시키지 않도록, 충분히 협상해왔다고 말하기 어렵다.

겐바 고이치로 외상은 국제사법재판소 제소를 검토 중이다. 한국은 지금까지와 마찬가지로 제소에 응하지 않을 태세지만, 국제사회에 일본 주장의 정당성을 호소해 가는 노력이 필요하다. 그와 함께 독도문제라는 깊은 가시를 어떻게 뽑아낼 수 있을지, 정치가는 지혜를 짜길 바란다. 강경책 응수에 의한 일시적 갈채뿐만 아니라, 장기적 상호이익도 생각할 시기다.

2. 영토분쟁 특집

(영토외교) 국제 여론을 내편으로 만들라

(212.8.21일자)

중국 각지에서 반일 데모가 일어난 날, 센카쿠 열도 조어도에 일본인이 상륙했다. 시마네현 독도에서는 한국대통령 직필의 기념비 제막식이 있었다. 일본정부는 한국에 대한 대항조치 검토를 이번 주부터 본격화시킨다. 영토를 둘러싼 한중과의 마찰이 좀처럼 진정되지 않는다.

북방영토를 포함해, 전후 일본의 영토외교 과제가 현재에 이르러 일시에 분출됐다. 제국주의 시대에는 영토분쟁은 군사력으로 해결하는 일이 많았는데, 21세기 현재 그와 같은 수단이 인정될 리는 없으며, 또한 인정해서도 안 된다. 중요한 것은 외교력이다. 국민간의 감정적 대립이 회복할 수 없는 데까지 에스컬레이터 되지 않도록, 중일/한일 대화의 파이프를 중시하는 것인데, 그것만으론 부족하다. 국제여론을 자기편으로 만들도록, 정부는 좀 더 발신노력을 해야 한다.

센카쿠열도에 관해선 실효지배를 하고 있으며, 영토문제는 존재하지 않는다는 것이 일본 정부의 자세다. 이것은 옳다. 하지만 그것은 아무 말도 하지 않고 침묵하고 있으면 된다는 것이 아니다. 중국은 미디어를 통해 센카쿠 열도의 영유권을 세계에 주장하고, 다양한 현장에서 정부관계자가 자국입장을 강조하고 있다. 이대로는 국제선전전에서 일본이 불리한 입장에 놓일지 모른다. 역사적으로도 국제법적으로도 일본의 영토라는 사실을, 세계에 명확히 이해시키지 않으면 안 된다. 지금까지와 같은 침묵의 외교가 아닌, 지금부터 말하는 외교가 필요하다.

정부는 독도문제를 국제사법재판소에 제소할 방침이다. 하지만 한국 측이 독도문제와 관련짓는 구 일본군 종군위안부 문제에서, 일본의 과거 대응은 충분히 전해졌을까. 일찍이 미국 의회가 일본에 사죄 요구결의를 했는데, 일본이 국민기금을 설립해 전 위안부에게 보상금을 전해 줄 것을 결정, 수상의 '사과와 반성의 편지'도 전달하기로 했던 결의를, 미국조차 이해하지 못했던 증거는 아닐까.

그런 의미에서, 주미대사를 비롯한 대사인사의 쇄신은, 재외공관의 홍보활동을 재정립할 좋은 기회다. 민간에서 기용한 주 중국대사의 조기 교체는 재임 중 언동으로 어쩔 수 없지만, 민간의 지혜가 불필요한 것은 아니다. 오히려 정치가나 외교관뿐만 아니라, 국민전체에서 영토외교의 방식을 진지하게 생각할 때이다.

젊은 세대에게 센카쿠열도, 독도, 북방 4도가 왜 일본의 영토인지 명확히 가르치는 교육도 필요하다. 역사를 바르게 이해하면, 상대 주장에 이성적으로 반론할 수도 있을 것이다. 풍파를 일으키기 보다는, 조용하고 능동적인 외교로 일본의 국제적 입장을 드높이길 바란다.

◆ 김 영(金 英)

현재 대구한의대학교 일본어과 교수로 재직 중이며, 일본 오챠노미즈여자대학교 대학원(お茶の水女子大学)에서 비교문화학을 전공하여 박사학위를 받았다. 저서로는 『일본문화의 이해』(J&C출판사, 2008)가 있으며, 최근 논문으로는 「한일 시가문학의 연구 -시조와 와카의 정전화 양상 고찰-」(2011), 「헤이안초기 문학에 나타난 여성의 성애관 고찰」(2010). 「독도문제와 관련한 한·일 언론의 보도 경향 분석」(2013), 「이명박 대통령의 독도 방문에 대한 일본 언론의 보도 분석」(2013) 등이 있다.

대구한의대학교
안용복연구소 번역총서 3

일본 언론에 나타난 독도

2014년 04월 11일 초판 1쇄 발행

저 자 ‖ 김 영
펴낸이 ‖ 대구한의대학교 안용복연구소
표지디자인 ‖ 유선주 디자인
펴낸곳 ‖ 도서출판 지성인

주 소 ‖ 서울 영등포구 여의도동 11-11 한서빌딩 1209호
메 일 ‖ Jsin2011@naver.com
연락주실 곳 ‖ T) 02-761-5925 F) 02-6747-1612

ISBN ‖ 978-89-97631-28-5 93910

정 가 23,000 원

잘못 만들어진 책은 본사나 구입하신 곳에서 교환하여 드립니다.
이 책은 저작권법에 의해 보호를 받는 도서이오니 일부 또는 전부의 무단 복제를 금합니다.